高等学校应用型本科创新人才培养计划指定教材

高等学校汽车工程类专业"十三五"课改规划教材

车联网导论

青岛英谷教育科技股份有限公司　编著

西安电子科技大学出版社

内 容 简 介

车联网的概念来自互联网,是物联网在汽车领域的具体应用,它是集交通、汽车、通信、安全等多学科于一体的综合性前沿技术,也是未来智能交通建设和智慧城市发展的必要组成部分。

本书介绍了车联网的兴起与发展、基本概念、关键技术和车载应用等内容。全书共分 7 章,包括车联网综述、车联网关键技术综述、车载设备与导航系统、车联网应用、车联网下的商业模式、自动驾驶、车联网的使命等内容。

本书内容精练,涉及面广,可作为高校车联网专业的教材使用,也可为有志于从事车联网工作的研究人员和相关工作者提供入门参考。

图书在版编目(CIP)数据

车联网导论/青岛英谷教育科技股份有限公司编著.
—西安:西安电子科技大学出版社,2016.8(2018.12 重印)
高等学校汽车工程类专业"十三五"课改规划教材
ISBN 978-7-5606-4215-4

Ⅰ. ① 车… Ⅱ. ① 青… Ⅲ. ① 互联网络—应用—汽车 ② 智能技术—应用—汽车
Ⅳ. ① U469-39

中国版本图书馆 CIP 数据核字(2016)第 176416 号

策　　划　毛红兵
责任编辑　刘炳桢　毛红兵
出版发行　西安电子科技大学出版社(西安市太白南路 2 号)
电　　话　(029)88242885　88201467　　邮　　编　710071
网　　址　www.xduph.com　　　　　　电子邮箱　xdupfxb001@163.com
经　　销　新华书店
印刷单位　陕西利达印务有限责任公司
版　　次　2016 年 8 月第 1 版　　2018 年 12 月第 2 次印刷
开　　本　787 毫米×1092 毫米　1/16　印　张　8.5
字　　数　195 千字
印　　数　3001~6000 册
定　　价　22.00 元

ISBN 978-7-5606-4215-4/U

XDUP 4507001-2

如有印装问题可调换

教材编委会

主编　王　燕

编委　于明进　柳永亮　李长明

　　　赵长利　杨和利　唐述宏

❖❖❖ 前　言 ❖❖❖

作为《国家"十二五"科学技术发展规划》的重大专项(第三专项),车联网首期资金投入达百亿,扶持资金主要集中在汽车电子、信息通信及软件解决方案等方面。车联网的诞生,是由于新一代通信技术的快速发展,以及智能汽车的联网需求,使跨行业间的技术融合成为必然,它将是推动汽车制造、交通运输等行业转型升级的重要动力,也是保持国民经济持续增长,强化社会安全,提高交通效率和发展绿色节能的重要手段。

目前,国内车联网正处于起步阶段,尚未形成完整的产业链,但是部分车载信息服务(如车载导航)已经形成了一定的市场规模。截至 2016 年,全国已超过 4000 万辆新车预装车载信息服务终端,市场空间 400 亿左右,带动相关产业产值高达 1000 亿,中国将有望发展成为全球车载信息服务业最大的市场。

我国车联网行业的发展可谓机遇与挑战并存:国家的高度重视与政策支持是车联网发展的社会基础;汽车电子以及信息传输网络的发展为车联网奠定了技术基础;构建健康、和谐的智慧城市是推动车联网发展的市场需求。

车联网的发展势必会带来巨大的人才需求,主要体现在三个方面:一是当前高校的专业课程设置与当前车联网的实际需求脱节严重;二是车内网与车外网的通信方式存在差异,需要新的专业基础知识;三是有相关工程经验的综合性技术人才紧缺。

本系列教材是面向高等院校车联网专业方向的标准化教材,内容涵盖车联网的基本概念、关键技术、商业模式以及应用与展望等多方面内容。教材编写充分结合当前汽车制造的智能化转型需求,经过了成熟的调研和论证,并参照多所高校一线专家的意见,具有系统性、实用性等特点。本教材旨在使读者在系统掌握车联网专业知识的同时,着重培养其学以致用的能力。

本书内容以开启学生对车联网专业的兴趣、了解车联网发展动态、掌握车联网及相关领域技术知识结构为目的,在原有体制教育的基础上进行课程改革,重点加强对车联网核心应用技术的学习。本书使读者在经过系统、完整的学习后,能够掌握车联网相关理论,了解车联网的发展历程、现状与最新动态,具备投身于车联网技术应用与研发工作的热情和专业能力。

全书共分 7 章,内容安排如下:

第 1 章,简要阐述车联网的基本概念,回顾车联网的起源与发展,讲解互联网对车联网的引导,分析了车联网与智能交通的关系,剖析了车联网与物联网的关系,旨在让学生对车联网有个整体的认识,为后面具体技术的学习及了解整个车联网行业打下基础。

第 2 章,对车联网三层网络模型(感知层、网络层及应用层)进行了详细介绍,并对其功能及核心技术进行了详细分析,使学生充分了解车联网的体系架构及核心技术。

第 3 章,对车载设备及导航系统进行了介绍,并对行车记录仪、胎压监测设备、倒车影像、自适应巡航系统以及车载导航使用的具体技术进行了剖析,本章还引入了底特律三巨头进行实例教学。

第 4 章,本章以车联网应用为切入点,以安吉星系统、物流配送系统、专车市场为实例，详细分析了车联网对人们生活和思维方式的影响。

第 5 章，对车联网的商业模式进行分析和总结，重点介绍了 OBD，车载 APP、4G 网络等对车联网行业的影响。

第 6 章，介绍了车联网的高级发展阶段——自动驾驶，包括自动驾驶的起源与发展过程，自动驾驶对经济的影响，以及汽车厂商在自动驾驶方面取得的成绩。

第 7 章，从不同维度对车联网的未来进行展望，通过对国内外车联网发展现状的比较，提出了未来车联网的发展使命。

本书由青岛英谷教育科技股份有限公司编写，参与本书编写的人员有：卢玉强、宋乃华、张玉星、刘伟伟、邓宇、邵舟、孙锡亮、袁文明、刘鹰子、孟洁、王燕、宁维巍等。另外，在本书编写期间得到了各合作院校专家及一线教师的大力支持和协作。本书出版之际，特别感谢合作院校的师生给予我们的支持和鼓励，感谢开发团队每一位成员所付出的艰辛劳动与努力。

由于水平有限，书中难免有不妥之处，读者在阅读过程中如发现问题，可以通过邮箱 (yinggu@121ugrow.com)联系我们，以期不断完善。

本书编委会
2016 年 4 月

❖❖❖ 目　录 ❖❖❖

I

第1章　车联网综述

本章目标

- 掌握车联网概念及起源
- 了解车联网与智能交通系统的关系
- 掌握智能交通系统的理论基础和体系结构
- 了解智能交通系统的发展历程
- 掌握公路智能交通系统和城市智能交通系统的概念
- 了解物联网在交通领域的应用和发展
- 了解车联网与物联网、智能交通系统的关系

1.1 车联网概述

汽车给人类带来便利的同时，也产生了诸如交通安全、环境污染、运输效率等问题。为了解决这些问题并合理分配资源，车联网应运而生。

1.1.1 车联网的起源与发展

2010 年 10 月 28 日，中国国际物联网(传感网)博览会暨中国物联网大会首次提出了"车联网(Internet of Vehicles)"一词，因此这一年也被称为车联网元年。后来，中国物联网校企联盟进一步明确了车联网的概念及其涉及领域：车联网是由车辆位置、速度和路线等信息构成的巨大交互网络；车联网是智能交通引申后的发展方向，是物联网在汽车领域的一个细分应用，也是未来集信息通信、环保、节能、安全等于一体的融合性技术。

究其本质，车联网的概念来自互联网。互联网主要功能是指将两台电脑或更多的电脑终端、客户端、服务端通过信息技术的手段互相联系起来。无线通信技术的发展成就了移动互联网，通信节点逐步从 PC 转向智能手机，通信方式也由以太网换成了移动通信网络。对车联网来说，需要把通信节点换成车载电脑 ECU(Electronic Control Unit)、OBD(On-Board Diagnostics)等车载电子设备，必须承认的是，车联网同样需要通过移动通信网络予以实现。基于这个层面，可以说车联网是移动互联网的一部分，而移动互联网是互联网的一部分。

车联网对消费者和管理者的意义在于：通过各种车载电子设备和移动通信网络，满足用户和管理者采集数据、处理数据、传递数据的需求，提高效率，降低成本，实现价值。

以前，我们传递一个文件，要靠人员和车辆。互联网时代，一封电子邮件就可以解决问题，大大降低了成本，提高了效率。车联网也有类似的作用，譬如用户车辆出现故障，以前要到 4S 店，连上电脑才能检测问题出在哪儿，等发现时问题已经严重了，要大修大补；而在车联网时代，通过信息实时采集传递，在刚刚出问题的时候，厂商就可以通过车联网检测到，并提示车主和 4S 店进行处理，大幅度降低了维修成本，提高了行车的安全系数。所以，车联网的本质是利用电子技术、网络技术给用户创造价值，用新的商业模式替代现有模式，还可以带来更高的收益和更低的成本。

现在，车联网尚处于萌芽阶段，各个厂商都试图结合移动互联网、车载电脑以及各种传感器推出车联网产品。奔驰(Benz)通过 GPS 感知行车位置，将行车经过的建筑信息下载后投影到风窗玻璃上，虽然看起来很酷，实际作用却不大；特斯拉(Telsa)远程控制车辆空调开关，不管在炎炎夏日还是寒风凛冽的冬季，人一上车就可有舒适的温度，虽然比较实用，但级别较低。很多城市的公交车可以通过 GPS 把信息发送给控制中心，控制中心便可以监控全市车辆运行情况并在必要时做调度，这也算是实用的功能。

不可否认，一些汽车厂家的车联网产品做得比较好，例如比亚迪。通过电子设备和网络，可以实现车辆的远程启动，将车辆行驶过程中的 GPS 信息、发动机运行信息、胎压等传感器感知到的信息远程发送给比亚迪的数据服务器，厂家可以监控车辆的一举一动，随时随地了解车辆的运行状况，必要时加以干预。虽然比亚迪这些车联网产品已经具备了车联网的形态，但依旧有其局限性，不能实现全部节点的互联互通，更不用说与其他车型、其他品牌的互通了。

目前，车联网产品的研发还处于初级阶段，并没有形成完整的产业链，也没有制定统一的业界标准，距离体制完整的产业模式还有很多工作要做。

1.1.2 车联网厂商各自为战

互联网的节点是计算机，处理器主打 X86 架构，操作系统是 Windows、UNIX/Linux、Mac OS。移动互联网的节点是智能手机，处理器主要取自 ARM 系列，操作系统是 iOS、Android、WP，每个节点之间都可以互联互通。

车联网的网络节点数量庞大，但是节点各自为战。厂商及型号的差异，导致所使用的处理器、操作系统、传感器都不尽相同：有的用 ARM 处理器，有的用 Intel 的 X86 处理器，还有的用 MIPS 处理器；操作系统也有 Linux、Windows CE、QNX 等；传感器因供应商而异。这就使得车联网的节点不能做到标准化。

硬件、软件不能实现标准化，各种应用就难以通用，一种软件或应用只适用于一家企业，甚至一款车型，自然无法做大，更难以形成业界标准进而产生商业模式。

一个正常的产业链，应该在传感器、处理器、操作系统、网络接口上有一套统一的标准。不仅如此，这一标准还可以适用于不同车辆，无论它是奔驰、宝马、丰田、大众，还是长城、奇瑞、比亚迪。还应该做到的是：比亚迪和奔驰对外提供的信息格式是一样的，接收到的指令处理也是一样的。

唯有标准化，才有做大的基础，才能谈得上改变现有的商业模式。而没有这种标准化，就只能停留在初级阶段，勉强算作局域网，而非互联网。前者存在很多年，没有带来很大变化，而后者引发了一场革命。

若要实现真正的车联网，改变汽车厂商各自为营的现状，可行的方案就是第三方的介入。使用第三方统一的电子节点，替代厂商们各自为战的车载电脑，把统一的电子节点安放在每一辆行驶的汽车上，然后用通信网络实现互联。具体到中国国情来讲，统一的电子节点或由国家强制完成，或由互联网企业通过免费派送硬件来完成，譬如免费送一个集成GPS、行车记录、多媒体影音播放、移动上网、通话、短信等的综合车载电脑。

当标准的电子设备普及后，各种商业模式也就可以展开：根据停车 GPS 位置，推送附近饭店或商场信息、停车位信息、路线引导、实时精确路况、保险信息采集等。

车辆之间的互联，如果不是由汽车企业来联合完成，就可能由互联网企业来完成；政府如果不强制推行，业界巨头就有可能制定标准来推行。

在各大厂商利益分割下，现阶段的车联网，是标准各异、不完整的车联网。当自动驾驶技术成熟、各种安全措施完善后，车联网就不再是移动互联网应用的一个分支，而将彻底改变汽车行业，那时的汽车定义与今天的汽车定义会大不同，就如同智能手机与功能手机的区别，而这一天将不会太遥远。

1.1.3　商用与乘用车联网

我国汽车市场主要由商用车和乘用车两大市场按照一定比例构成，两大市场运行规律既有共同点，又有较大差别。车联网行业的发展，也将主要依托于这两大汽车市场。

1．商用车

商用车市场受政策的影响相对比较大。2011 年，交通运输部办公厅发布了《关于加强道路运输车辆动态监管工作的通知》，要求切实加强道路运输车辆动态监管工作，预防和减少道路交通运输事故。自这份通知出台后，按政策要求，"两客一危"车辆必须安装相关的车载终端设备，并且必须接入到交通运输部监控平台。

部分省市对货运车辆也做了相关的规定，要求 8 吨以上的货运车辆必须安装车载终端。因此在商用车市场，政策促进了市场的发展，产品和服务平台都有一定的标准(JT/T 794—2011)，企业的产品都是根据部标来实现的，最终用户的可选择性不多。

在商用车市场，基本上以 B2B 的模式为主，并且以自上而下的项目形式进行市场推广，无论是在收费方面还是在项目推进方面，要容易很多。而乘用车市场则不然，乘用车市场受政策的影响相对小很多，最终用户的可选择性就非常多。乘用车市场以 B2C 模式为主，对企业的渠道运作能力、市场推广能力、产品研发实力及商业模式等方面要求非常高，这几年乘用车市场发展之所以没有形成一定的用户规模，就有这个原因。

商用车市场地域性很强，所以市场主要以后装为主。虽然车厂也推出了不同品牌的设备，如宇通的安节通、海格的 G-BOS、陕汽重卡的天行健、北汽福田的智科，但车厂很难做到车联网服务的真正落实。原因有二：一方面，商用车的运营牌照是当地交通部门颁发的，因此必须接受当地交通部门或安全部门的监管；另一方面，地方交通部门的监管平台必须接入到交通运输部平台，实行统一监管。因此，无论车上安装了哪个品牌的设备，只要不满足交通运输部或当地交通部门的要求，车辆就无法接入交通运输平台。除智科尚未正式上线外，其他三个品牌的车联网目前都面临着服务的落地问题。甚至可以说，车已经使用很长时间，但这些随整车配套的车载终端尚未投入使用。如何加强和传统 GPS 运营商的合作是整车厂的头等大事。

从目前来看，商用车联网的主要应用一方面是满足交通主管部门的要求，另一方面是用于车辆的安全监控。只是实现车连网，与车联网相差还很远，尤其是对于物流行业而言，只是解决了运输过程的透明化管理，并没有为物流公司或车主带来规模化的增值服务。

2．乘用车

乘用车车联网市场分为两大阵营：以整车厂为主导的前装市场和以售后服务端为主导的后装市场。

前装市场比较有代表性的合资品牌有通用的 On-Stan、丰田的 G-Book、大众的 Car-net。自主品牌比较有代表性的有荣威的 YUNOS、长安的 Incall、吉利的 G-NetLink 和一汽的 D-Partner。国内整车厂还属于试水阶段，平台规划尚未确定。

整车厂虽然采取标配捆绑销售的方式迅速积累了一些用户，但由于目前的服务内容及商业模式问题，用户的黏性不高，并且续费率非常低，至少目前还看不到明朗的前景。与后装市场类似，车联网无非是给整车的销售增加一个卖点而已。

后装市场经历了 2011 年的喧嚣，又经历了一个大起大落的过程后，整体归于平静，这也与主机厂商的结构特点有关。汽车行业属于高科技制造业，其管理模式及思维方式离不开制造业思维。车联网属于 TMT 产业的一个分支，要求企业必须对新技术、新媒体及通信行业有深刻的理解与认识，企业至少需要有互联网基因。而车机厂商目前把制造业的一些成功经验向车联网行业复制，就好像用富士康的管理经验管理 Google 这样的公司，难免出现一些不适。

后装市场以往热炒的一键通及实时路况，已经不再是产品的亮点。出现以上变化的主要原因之一是一键通导航的服务黏性不高，而紧急救援业务需要支付给第三方一定的费用，商旅方面需要企业花费大量的时间和精力去整合内容，再加上用户规模有限，也吸引不了携程这样一些传统做商旅企业的关注。再有就是，由于实时路况开通的城市有限，无法大规模商用。2012 年，保养提醒、远程诊断等与安全车生活有关的内容成为新的选择，可喜的是车机厂商开始关注产业链，尤其是重视 4S 店，并开始探讨如何打造车联网的生态系统。

与前装市场相比，后装市场的产品形态可谓是百家争鸣、百花齐放：有车机自带通信功能的产品；有以蓝牙为传输介质的产品；有以 MirrorLink 为技术流的产品；有传统的如 GPS 车载终端这种黑盒子类型的产品；甚至还有以 OBD 加手机 APP 的产品形式。

在后装市场，美赛达科技和欧华的车机均自带通信功能，翼卡车联网的产品传输介质以蓝牙为主，通过蓝牙实现一键通功能。随着技术的不断发展，MirrorLink 不断地被车机厂商所接受。目前路畅科技、德赛西威及科维的烽云令等就采用 MirrorLink 技术，可以说 MirrorLink 是 2012 年车联网行业的热门关键词之一。

纵观现在的车联网，第一年都是免费的，单一的服务内容导致客户对车联网的认可程度不高，因此第二年续费时车主根本不买账。由于现阶段车联网的发展尚处于初级阶段，缺乏"杀手级"的应用，用户对车联网的接受程度较低。而车机增加了通信模块势必增加硬件成本及通信成本。解决这些问题，不能过度依赖于车机为车主提供增值服务，车机只是为车主服务的一个载体。理想的方式是，当车主在车上时可以用手机实现联网，既可以降低车机本身的成本和服务成本，又可以实现车联网的一些功能，并能将车主不在线的时间吸引到互联网上来，通过互联网开发出不同的增值服务，将车主吸引过来。在这种情况下，MirrorLink 就是很好的选择，这种产品也是可以被用户接受的。因此，MirrorLink 技术在车机行业应运而生了。

3. 车联网服务

如果把乘用车联网的服务内容做一个归纳，大致可分为三大类，分别为安全、便捷及舒适。显然，安全是乘用车联网最主要的服务内容。对商用车联网的服务内容做一个归纳就是解决开源节流及安全问题。从目前服务商提供的内容看，离这个目标还差很远。

以安全为例，汽车的安全措施可以大致分为主动安全措施(防止事故发生)和被动安全措施(减小事故后果)。无论是主动安全还是被动安全，对于车主而言都非常重要，但国内的车主对被动安全的需求(如硬防护的车身结构)要远高于主动安全的需求。买车时考虑因素很多，据了解，其中"价格"以 16%的比例位居榜首，紧随其后的是安全和质量，主要

还是考虑车辆的抗冲击能力，也就是被动安全方面的需求相对要强烈得多，因为这个最能直观体现。

从目前车联网服务提供商所提供的安全方面的内容来看，主要还是主动安全措施，也就是防止事故发生。和被动安全有所不同的是，主动安全措施最大的特点就是很难量化。目前车联网所提供的主动安全方面的措施大致有直接和间接两种：直接的有胎压监测、故障预警、碰撞报警、安全气囊弹出报警、紧急救援等；间接的有一键通、声控等措施，当然一键通和声控划分到便捷措施更合适。以上这些安全措施，由于很难量化，因此出现了叫好不叫座的现象，很难让车主为这些项目去买单，这也是客户续费率低的一个主要原因。

涉及车辆安全，还需要在动力控制、底盘控制及车身等方面做研究。受国内汽车工业水平的影响，后装市场显然在这方面不具备优势，因此，车联网的安全服务内容由整车厂来主导比较可行。

后装市场应尽可能地提供便捷、舒适方面的应用，这也是沿袭了汽车后市场的特点。汽车后市场本身是汽车产业链的有机组成部分，包括汽车销售领域的金融服务、汽车租赁、保险、广告、装潢、维护、维修与保养，以及驾校、停车场、车友俱乐部、救援系统、交通信息服务及二手车等。从后装市场所涉及的领域看，后装市场更应打造生活圈的车联网，但后装市场在移动互联网方面的反应比较滞后，没有对车载移动社交进行深入的研究，这也是目前行业的主要现状。

虽然车联网的用户规模增速明显，但由于商业模式、本地化服务及支付模式等瓶颈的存在，国内车联网目前依然处于初级阶段，尤其是乘用车市场，甚至还在"连"与"联"之间徘徊，企业对车联网的认识处于两个极端，要么过于保守，要么过于激进。对于保守派而言，观望的多，实际做的少；对于激进派而言，没有深刻理解车联网行业，产品在推广过程一遇到瓶颈，马上开辟新的产品线，因此出现了太多的产品形态。

关于车联网的商业模式，从概念的诞生到现在一直被行业所关注，但没有人能给出一个明确的模式。做车联网既拼企业的实力和资源整合能力，又拼企业的耐力。最重要的是需要国家牵头，制定相关车联网通信技术标准，从根本上推动车联网发展。

1.1.4　车联网服务推进

车联网是一个很大的概念，包括车与车、车与路、车与人都能构成网络，目前得到普遍应用的是商用监控类系统、娱乐导航系统。其中，娱乐导航系统更多地体现了移动互联网的特征，而不是汽车对汽车、汽车对道路所谓的物联网特征。车联网促进车载娱乐导航系统的进化，将提供更多的联网能力，如车况、通信、车机与手机互通等。

对于人机交互来说，服务的大致要点是：针对用户的个性化问题，系统能给出最终的个性化答案；如果与人的行为相结合，能让人的劳动更有效率；人能在这个过程中受益，包括良好的体验。

这样的服务，是传统互联网和移动互联网的最大区别之一。传统互联网是以信息为主的。针对某个问题来说，信息是对这个问题的分析、理解，或者给出可选的方案；服务则不要求多个方案的可选，而是希望能够直接地给出这些解决方案中的最优的方案来，然后引导这个方案的实施，并获得实施结果及其评价，作为以后服务的反馈。

以车况应用为例，如发现汽车故障，信息的模式是给出对这个故障的解析、可能出现的原因、通常的解决办法等。服务的模式就是给出故障的严重等级、解决方案，根据解决方案的要求，给出顺路的或最近的满足要求的服务商，得到用户确认后，启动车况连接、电话沟通，然后或者导航去服务商，或者请求来现场支援等。

车联网的实现，很大程度上需要依赖移动互联网。移动互联网的服务将具备如下三个特性中的一个或多个：实时性、随身性、参与力。

1.2　互联网主导下的车联网

2015 年 3 月，李克强总理在《政府工作报告》中首次提出"互联网+"的概念，并指出要把"大众创业、万众创新"打造成推动中国经济继续前行的"双引擎"之一，"互联网+"迅速成为各行各业关注的热点。在汽车及相关领域，伴随着"互联网+"的春风，创业、创新汇聚成越来越强大的变革力量，从产业链下游的交通出行，逐步向上游的研发、制造、采购渗透、推进。汽车产业链成为"大众创业、万众创新"的一个主要战场，并催生出"互联网汽车"的口号。

1.2.1　互联网公司介入汽车领域

车联网概念的提出距今已有 6 年之久，然而车联网行业的发展始终不愠不火。我国目前从事车联网行业的公司有数千家，然而商用的只有不到 30 家，盈利的更是寥寥无几。绝大部分车联网企业的发展处于叫好不叫座的尴尬境地，其主要原因不外乎以下几点：车联网的局限和汽车至少长达 3 年的开发周期，跟不上消费电子和互联网的更新速度；汽车车型众多导致至今没有一家上百万元产值的车联网服务商，无法与互联网以亿元为计算单位相比拟；大部分车联网服务并没有找到用户真正的需求，导致产品用户体验一般、用户使用频率低、用户不愿续费。

汽车行业的核心商业模式在过去 100 年的时间里几乎没有任何改变，如今终于迎来了互联网的冲击。今天的车联网恰恰是明天联网车的雏形，到了联网车的时代，汽车本身及与之相关的商业模式将会彻底被颠覆，未来或许我们无需自己拥有一辆汽车，只要跟 Google 眼镜说一下要去哪里，然后走到任何路边，一辆无人驾驶的小车就已经在你面前停好了。

互联网创新某个行业从来就不是渐进与交融的，而是颠覆性的，这不以个人意志为转移。很多互联网公司与传统企业的大佬都有"自杀"论，只有敢于"杀掉"过去的传统业务(含传统互联网)，才能获得"互联网+"的船票。这些言论并非危言耸听，而是真正理解了互联网创新的本质：只要不是标准化、较多灰色地带的领域，互联网都会重塑与重构一种全新的颠覆性的商业模式。目前，汽车行业的众多平台、品牌、车型，基于行业标准较多，不够统一。

对于中国汽车产业而言，这个时代是实现领先的历史机遇，要知道今天的车联网在国外远远没有在中国来得热火朝天，历史也会证明，真正颠覆性的创新一定出现在全球最新

兴与最蓬勃的市场中，汽车产业恰恰符合这个前提。或许这在某些人眼中被认为一定是天方夜谭，为数众多的汽车集团和上亿规模的汽车产业链不可能凭空消失。这恰恰如当年如日中天的 NOKIA，能做出更经摔的手机却永远创造不出一台 iPhone，缺乏互联网思维、用户导向、快速创新的基因是传统企业的弱点。

第一是要看到车联网的未来，看清互联网可颠覆任何产业模式这一点。首先是车联网要满足用户需求、实现快速创新与追求极致使用体验。在未来清晰的前提下，谁在中国可以先拥有五千万的车联网用户，谁就形成了这个行业的爆发点。不过这有个前提，你要像互联网那样不断地试错，不断地提供新的产品与服务，而并非只是简单地运营与维护。

第二就是能提供标准化的极致用户体验，并能像消费电子那样快速推出市场。如果能做到，应该就可以建立标准化的生态环境。所以，在基于满足用户需求，追求极致的用户体验的前提下，车联网未来三年将走向标准化、快速化、开放化和生态化的道路。

谁能第一个将小米营销(价格、渠道与营销方式)、苹果一致化的极致用户体验与品位、Android 式的开放生态系统三者合一，谁就会成为未来三年车联网商业模式的缔造者。在车联网时代，或许会诞生比 BAT 更大的公司，某些传统企业将会被淘汰。

车联网符合这个时代的大趋势。在这个时代，车联网不仅能提供导航、娱乐、安防、通信等服务，汽车保险、汽车金融、汽车销售、汽车服务、二手车、汽车生活服务等形态也会发生巨大的变化。也许三年到五年，这个阶段就会到来，到那一刻，车联网将会向着联网车的时代迈进，那时的变化将更加彻底，更具有颠覆性。这不取决于任何个人与企业的意志，因为互联网的核心就是颠覆传统，重塑新的商业模式。

1.2.2 互联网行业引领汽车革命

传统汽车公司与新兴科技公司，谁将主导未来的汽车业，这是最近热议的一个话题。在汽车"这个改变世界的机器"发生新一轮的质变前，汽车业必定牢牢被传统汽车公司主导，汽车公司决定产品的更新换代速度，其他公司处于从属与被支配地位。但是，当汽车日益发生的量变积累并演化成质变后，汽车业的规则将被重新改写，谁将处于产业链的上端这一问题充满了变数。毫无疑问，此时传统汽车公司的优势将不复存在。

如果说把卡尔·本茨发明三轮汽车的 1886 年当作现代汽车的发轫之年，那么到 1908 年福特发明 T 型车、建立流水线的生产方式则是汽车业的一次质变。其核心在于，它让汽车不再是富人的玩物，普通民众也能买得起。自此之后，尽管汽车的性能和技术每年都在变化，生产水平也在不断提升(如丰田创立精益生产方式，大众最近几年提出的模块化生产)，但汽车的形态和内涵均没有发生质变，它依然是一个代步工具，把人们从一地送到另一地，只是在不同的市场，品牌属性的强弱不同而已。

不得不说，信息、能源技术的革新和汽车的联网正在让汽车的属性慢慢地发生变化。以前每一辆汽车都是独立存在的，信息的传输是单向的，我们只能收到广播，无法与广播互动，顶多也就派生出几个车载寻呼机，进行有限范围内的信息交流。一旦汽车能实现车与车之间的互联，车与交通设施等外界环境以及远程终端的互联，汽车将重新定义。当然，汽车的联网现在只是初现端倪，业已推出的产品都很初级，技术与性能远未成熟，甚至很多尝试遭到用户大量的投诉，但没有人否认这是未来的发展趋势。

全球汽车业已进入下一个蝶变前的过渡时期，过渡期可能是 5 年、10 年，抑或更长。这段时期，传统汽车厂商依然会掌控每一款汽车的生命周期，决定产业链的模式。特斯拉(Tesla)是这个时期最典型的搅局者，它让通用、福特、奔驰、宝马等传统的汽车豪门意识到了危机，甚至是恐慌。其意不在于 Tesla 是否会颠覆它们，而在新的技术和模式会颠覆它们，没有 Tesla 也会有其他的搅局者。

汽车公司此前建立起来的传统技术优势在未来或许会成为它们的包袱，它们能否在新一轮的竞争中立于不败之地，关键在于它们是否有颠覆式革新的勇气、决心及智慧。早在 20 世纪 80 年代，美国汽车工业已经停止了增长，为了寻求新的出路，1985 年通用汽车公司以 50 亿美元成功收购了休斯航空，并将之与自己的电子部门德尔克电子公司合并，组建了休斯电子公司。

原通用汽车公司的休斯电子公司发展得顺风顺水，早在 20 世纪 90 年代就成为美国四大雷达制造商和全球通信卫星制造的主导者之一，并成为世界上最大的企业级卫星通信服务商。但是后来通用汽车公司为了挽救其濒临困境的汽车业务，分几次把如日中天的休斯电子卖掉——将飞机和雷达部门卖给了军火商雷神公司，卫星制造业务卖给了波音公司，将剩余的业务包括卫星电视业务 DirectTV 在内作价 200 亿美金卖给了默多克的新闻集团。

默多克后来卖掉其余业务，仅将卫星电视业务 DirectTV 单独上市，上市时其市值就达到 300 多亿美元。通用汽车公司卖掉的休斯电子公司无疑是当时通用汽车公司最有成长潜力的优质资产，无法想象如果当时卖掉的不是休斯电子而是凯迪拉克，现在的通用汽车公司会是怎样的"通用汽车公司"。问题就在于通用汽车公司的本位主义，让它无法割舍的汽车情怀，凯迪拉克在当时是不可能被卖掉的。

在工业、科技发展史上，类似通用汽车公司的例子不胜枚举。摩托罗拉创立于 1928 年，作为无线通信领域执牛耳者，曾经垄断了第一代移动通信市场。在第一代移动通信时期，模拟通信设备技术起着至关重要的作用，外观、便利性并不重要。但进入第二代通信市场后，数字电子技术差异性不明显了，设备功能、易用性就显得更为重要，但摩托罗拉始终无法调转过来，最终被 Google 公司收购。

与手机行业不一样的是，此时汽车公司的危机感完全不同于 NOKIA、Motorola 当时对 Apple 的漠视。汽车的复杂性远远超过手机，由于它与人和道路交通环境息息相关，安全性和体系化更是手机无法比拟的，这会给汽车公司更多的时间来应对此轮信息技术对于汽车业的革命。但未来汽车公司面对的挑战不言而喻。

一个无法阻挡的现实是，随着电子化、数字化、信息化、智能化对汽车的渗透，未来汽车业将逐步由硬件主导慢慢过渡到以软件和服务为主导。IT 行业的故事将会在汽车业重演。在 Yahoo 和 Google 出世前，PC 行业的主导者是 Microsoft，既不是 Dell、HP 等电脑制造商，也不是 Intel、AMD 这些芯片制造商，Microsoft 的软件迭代速度在某种程度上决定着计算机的更新换代速度，甚至影响其他公司的股价。IBM 此前卖给联想的是最没有前景的 PC 业务，自己则牢牢把控着利润率更高、以硬件与服务融为一体的企业级市场。纵观全球，正是 Google 和 Apple 以及中国的腾讯、阿里巴巴等以软件和服务为核心业务的公司在引领全球及中国的经济增长作出了贡献。

在汽车的设计、制造越来越集成化、数字化后，汽车的零部件将大为减少。以前是数

万个，将来会变成数千或数百个。实际上，Tesla 的零部件现在就已经减少到 3000 多个，使得用车的体验完全改变。

1.2.3　移动互联网助力车联网发展

　　车联网是移动互联网在汽车行业的一个重大应用。对于车联网的定义，普遍认为是指利用先进传感技术、网络技术、计算技术、控制技术、智能技术，以车为移动载体，对道路和交通进行全面感知，实现人、车、物、路的畅通，实现交通安全、高效地运转。或者说，车联网是物联网的具体应用及表现之一，是指通过各种信息传感设备，利用移动通信和无线网络等接入技术和云服务后台技术，实现人、车、路、环境之间的智能协同，实现在信息网络平台上对所有车辆的属性信息和静、动态信息进行提取、利用并提供综合服务。

　　车联网将重新定义互联网乃至移动互联网的入口格局，车联网是"Always On"全时体验环节中的一个重要入口场景。入口是指用户寻找信息、解决问题、处理业务的方式，成为入口意味着获得巨量的用户。虽然掌握用户并不直接等同于商业变现，但如果失去这个阵地，也就同时失去了成为行业巨头的机会。互联网先驱们做浏览器、做资讯门户、做搜索、做社交，背后隐藏的都是对用户使用入口的明争暗斗。

　　传统互联网刚刚兴盛，IT 巨头就掀起了一场争夺互联网入口的腥风血雨。Microsoft 独霸了 PC 操作系统，几乎统一了互联网用户的电脑桌面，这一结果也导致了对传统互联网的两个入口——"浏览器"和"桌面软件"的垄断。浏览器方面，IE 浏览器凭借着操作系统优势牢牢垄断着市场；而桌面软件，除苹果的系统外，几乎无一例外的都是基于 Microsoft 操作系统开发的。

　　移动互联网的出现和快速发展，使得情况开始发生了变化。即便如此，美国人依旧坐稳了操作系统的江山，Apple 的 iOS 系统和 Google 的 Android 系统占据了移动互联网操作系统的主要份额，操作系统的变化，带来了竞争形态的变化，移动互联网基于操作系统衍生了应用市场的概念，进而挑战了传统浏览器的地位。

1．应用市场及 APP

　　移动互联网诞生初期，浏览器成为用户在手机端延续桌上互联网行为的主要软件之一。随着 iPhone 的横空出世，Apple 通过"iOS+App Store"重新定义底层结构，手机用户开始学习使用本地 APP 连接丰富的网络服务。随着"Android+Google Play"的跟进，双雄并举之下，共同确立了"操作系统搭台、应用程序唱戏"的游戏规则。应用商店成为用户接入移动互联网的第一层入口。

　　应用商店产生了以 APP 为主要载体的移动互联网入口形态。随之而来的是，用户开始习惯使用 APP 作为移动互联网的主要通道来获取信息、享受服务和办理业务等。

2．移动浏览器及 WAP 网站

　　随着 HTML5 的快速发展，许多原本只能在 APP 中才能获得的良好体验在 Web 端被逐一实现。不甘受限于应用商店的开发者们，都认为浏览器是最有能力颠覆 APP 模式的入口。大公司之间围绕 HTML5 的博弈和制衡，将直接影响浏览器和 Web 应用在移动设备上的表现。

比如，随着 HTML5 和 CSS3 的流行，很多人开始使用 HTML5 和 CSS3 来制作 Mobile APP，来替代现有的 Native APP。可以把 Mobile APP 看成更为先进的 WAP 网站。使用 Web 方式制作 Mobile APP 最大的好处是客户端无需更新，省去了手机用户要经常更新 APP 的麻烦，同时相对于 Native APP，Web 方式修改 APP 界面的成本更低一些。所以说，对于对界面的灵活性有较高要求的 APP，如资讯阅读类、互动类，用 Web 方式实现 Mobile APP 会更好。

3．方兴未艾的超级 APP 及其应用

应用商店和 APP 之所以能够成为移动互联网入口，是因为它们都能同时吸引入口两端：一端是开发者提供的服务和应用，另一端是用户。操作系统所占的巨大份额带来了用户，商店的分发渠道和付费分成吸引了开发者。

做个 APP 很容易，但并不能保证你的 APP 拥有百万、千万，甚至亿万级的稳定用户。有数据显示，用户手机中最常使用的 APP 不超过 15 个。这其中只有为数不多的几个 APP，在亿万级稳定用户的基础上，凭借强大的资金和资源优势，把自己平台化，成为超级 APP，例如微信、支付宝。

微信公众平台在做的事，类似 Facebook 曾经在桌面互联网上做的事。2007 年，已经拥有 1.32 亿活跃用户的 Facebook 宣布，将 Facebook 的社交用户关系数据和用户档案，通过 KPI 接口向第三方开发者开放。在开放框架上，第三方开发者可以开发与 Facebook 核心功能集成的应用程序。这一平台不仅快速让 Facebook 形成了完整的生态系统，甚至成就了 Zynga 这种植根于一家 Web 平台的社交游戏公司。Facebook 的成功也吸引了国内社交网络公司竞相效仿。但超级 APP 所需要的巨量资金、资源和市场份额，决定了除原来桌上互联网拥有巨大资源优势的巨头(在中国就是腾讯微信和新浪微博)外，其他人很少有机会。

4．车联网

车联网与移动互联网的重要区别在于应用场景的不同，车载互联网将更加依赖非接触式交互技术，如语音识别技术和语音引导技术。

当前以移动终端为主要载体的移动互联网，在努力实现"Always On"的全时体验，用户除使用 PC 端的时间外，其他时间都可以使用手机等移动设备接入互联网，因此当前的互联网入口之争主要体现在移动场景上。而当前移动场景中一个重要的场景目前还未被充分挖掘，即车载场景。随着汽车的普及，用户在汽车上的时间也逐渐增多。以大城市为例，开车上下班花在路上的时间一般会在 1～2 小时，遇到堵车的情况时间就更长，而在车上一般是不方便使用手机接入互联网的。

目前在车上使用互联网只能通过一些车载服务设备提供一些简单的应用，如通用的 On Star、丰田的 G-Book 等。目前车载的应用并不普遍，功能较为单一。而未来的车载互联网，将整合车载硬件、软件、通信服务、应用开发等各个环节，形成真正意义上的车载互联网生态。

可以想象的是，车联网在移动互联网的引领下，将成为必争之"地"，互联网巨头(如

苹果、Google)，移动通信商(如联通、电信、移动)，汽车品牌主导的车载服务品牌，还有依附于这些软硬件环境的应用，都在觊觎车载互联网这一潜在巨大的市场。

1.2.4 互联网思维在车联网中的体现

在车联网领域及汽车领域，互联网思维、互联网基因等词是很常见的。以浏览器为例，互联网思维集中体现在一个"破"字上，细化为破封闭、破垄断、破界定。

1. 破封闭

破封闭是大家都容易看见的，因为这是用户的需求。互联网本身的发展，就是对之前局域网、广域网封闭性的破除。被广泛应用，则是得益于它的分支——万维网，而用户使用的工具正是浏览器。

首先，80 端口的认可和开放，使得全世界的网络更容易地联接在一起，内容更易获得(如搜索引擎)，一个浏览器、一个全世界，导致了所谓的"扁平化"。

其次，使用浏览器后，不再需要对特定网站安装客户端，既方便了网站的升级，更方便了用户的使用，导致了大量企业级系统从 C/S 模式转变为 B/S 模式。

最后，浏览器内一个页面的内容，可以来自不同的万维网网站，或者在底层通过以 HTTP 为主的 OpenAPI 来整合不同来源的资源，互联网从而建立起了"复杂性"的生态链体系，发展出众多的商业模式。

在移动互联网用户超越传统互联网用户的今天，APP 们统治了世界，并引起了 Native APP、Web APP、Hybird APP 的辩证性发展。Web APP 是希望打破原有的 Native APP 的封闭性体系，使得移动互联网的发展，从硬件模式转变为生态链体系，并且更侧重向生态链体系中的服务层面转变。老 HTML 落后，新 HTML5 的发展还需时日，于是介于二者之间的 Hybird APP 大受欢迎，在汽车公司欢迎者的主力中就有传统互联网中的大佬，如百度的"轻应用"。

在目前阶段还是封闭体系的车联网领域发展缓慢。OBD 模式的手机应用虽然有 Web APP 案例，但是 APP 本身或 APP 后台并不是开放的。车机网络才开始从过去的封闭性中发展出 AppLink 等少数开放的接口来。像 QNX 支持 HTML5 这样的事件还极少发生。在手机浏览器大行其道的今天，还没有看到一款车机浏览器。

2. 破垄断

破垄断是比较有趣的，因为它涉及商业战争。

在 HTTP 协议中，协议里头有个 User-Agent 字段，用于标识浏览器类型及其版本，以及所在的操作系统的类型和版本，网站可以据此回复不同的内容。在浏览器的发展历程中，最先开始获得广泛应用的是 Mozilla，因为它最先支持页面的框架显示。Microsoft 的 IE 浏览器出来后，为了尽快获得网站回复的含有框架的页面内容，User-Agent 的值也是以"Mozilla/"起头的，后面注释的才是 IE。这样，以后的浏览器新品，也就保持了这个"传统"(如 Firefox、Chrome 等)，User-Agent 的值都是以"Mozilla/"开头，后面加自己的注释。

微软的山寨方案再次取得成功，IE 成为最流行的浏览器，以至到 1997 年时，美国司法部以"反垄断法"控告微软在操作系统上捆绑浏览器。微软在 1998 年和 2001 年浏览器反垄断的两轮诉讼中都取得了胜利。时至今日，还有言论说，那时微软的胜利避免了公司被分拆，保持了在互联网背景下企业的高增长。但是，微软今日的窘况正是没跟上互联网进程而造成的。

　　有国外数据显示，Google 的 Chrome 浏览器的占有率已超过 IE 浏览器。浏览器的占有率能不能说明什么，想想以前微软 IE 浏览器的垄断，都能如此被轻易攻破，遑论其他。

　　这样的事似乎包含着一个思维：在互联网环境里，很容易形成大佬，大佬依靠山寨会很容易保持其垄断地位；但正是因为互联网的开放，是难有真正的垄断的，新的创新者会在另一条路上打破这样的垄断。

　　与互联网不同，汽车业难以形成大佬，但在车载互联网方向则很有可能。当车联网以"破垄断"思维来审视自己的时候，弱小者更应乐观奋起(强大者貌似强大而已)，而强大者或许应该考虑接受互联网思维。

3．破界定

　　破界定直指思维本身。如今的浏览器，已经突破了作为连接、传输、显示、录入 WWW 网内容的这个界定。

　　在应用层面，浏览器已经不再是一个入口或流量的转化工具，而是转变为生态链的基础平台。这种方式在手机浏览器上尤为明显，UC 浏览器、QQ 手机浏览器等都是如此。这些手机浏览器同时是 APP 市场，这些 APP 有 Native 的、有 Web 的，也有 Hybird 的。它们也提供社区，用户注册后，可以在云端存储自己的数据，换到其他设备的浏览器上也可以很方便地使用这些数据。浏览器呈现的不再只是网页内容，而是应用程序。

　　在系统层面，业界通过浏览器来实现 Web OS 的进程远未终止，这里有多种方式。一种是基于 HTML/HTML5/Flex 等，可以在不同的浏览器上使用，如腾讯的 WebQQ 或 Q+Web 就是这样的。另一种是没有边框的浏览器，使用浏览器引擎，结合本地存储，就可以使用丰富的 APP(像 OS 的程序菜单一样)，如 FirefoxOS。使用浏览器引擎时，对本地环境的操作将远远超过 HTML5 的能力，如不仅是 GPS、摄像头、重力感应器等设备，其他新型的传感设备也能方便地使用。而类似 PhoneGap 这样的 Hybird Web 基础框架，则提供了除 HTML5、引擎之外的第三种途径，通过插件把本地功能映射为 HTML 可用的 JavaScript。

　　在硬件层面，处理器将提供对浏览器或 HTML 更好的支持。比如高通专为 FirefoxOS 做了芯片优化、Intel 为 WebKit 引擎做了很多贡献。浏览器与硬件的关系，从过去的"通用 CPU 上的通用程序"，已经突破为现在的"优化 CPU 后的优化程序"，或许未来会突破为"定制 CPU 上的定制 Web OS"。

　　互联网有着自由本质，或者说人们希望如此。自由表现在思维层面上，为理性上能破旧出新，想象上能天马行空。浏览器对封闭、垄断、界定的破除，正是互联网思维在理性面上的体现。

1.3 车联网与智能交通系统

智能交通系统 ITS(Intelligent Transport Systems)是车联网的发展源头，了解智能交通系统有助于理解车联网的起源和发展。本节详细介绍了智能交通的产生、理论基础和体系结构，同时从公路智能交通系统和城市智能交通系统两方面介绍了我国智能交通系统的发展。

1.3.1 车联网起源——智能交通系统

1. 智能交通的起源

交通自动控制和协调最早可以追溯至 19 世纪 60 年代，标志性事件是英国伦敦安装臂板式燃气交通信号灯，如图 1-1 所示。20 世纪 50～60 年代，美国丹佛市利用模拟计算机和交通检测器实现了对交通信号机网进行选择式信号控制。而后，世界上第一个利用计算机进行集中协调感应控制的交通信号控制系统在加拿大多伦多市建成，这成了智能系统发展的一个里程碑，智能交通的发展迈进了一个崭新的阶段，其理念日新月异。

图 1-1　早期交通灯

2. 不同国家或地区对智能交通系统的认识

(1) 日本的道路、交通、车辆智能化协会认为，智能交通系统是运用最先进的信息、通信和控制技术，即运用"信息化""智能化"解决道路交通中的事故、堵塞、环境破坏等各种问题的系统，是人与道路及车辆之间接收和发送信息的系统，通过实现交通的最优化，达到消除事故及堵塞现象、节约能源、保护环境的目的。

(2) 欧洲道路运输通信技术实用化组织认为，智能运输系统或信息技术在运输上的应用能够减少城市道路和城际间干道的交通拥挤，增加运输安全性，给旅行者提供信息和改善可达性、舒适性，提高货运效率，促进经济增长和提供新服务。

(3) 美国运输工程协会(ITE)认为，智能交通系统是由包括信息处理、通信、控制和电子技术，与综合运输系统的结合，实现人和货物更安全、更有效的移位。由此给出的定义为：智能交通系统是把先进的检测、通信和计算机技术综合应用于汽车和道路而形成的道路交通系统。

(4) 中国交通工程学会给出的定义为，智能交通系统是在关键基础理论研究的前提下，把先进的信息技术、通信技术、电子控制技术及计算机处理技术等有效地综合运用于地面交通运输系统，从而建立起一种大范围、全方位发挥作用的、实时的、准确高效的交通运输系统。

3. 智能交通系统的定义

在世界道路协会编写的《智能交通系统手册》中，智能交通系统的定义是：对通信、控制和信息处理技术在运输系统中集成应用的统称。这种集成应用产生的综合效益主要体现在挽救生命、节省时间和金钱、降低能耗及改善交通系统运行环境上。智能交通发展的最终目标是实现交通运输的高效、安全、舒适和可持续发展。

4. 智能交通系统的组成

智能交通系统主要由智能化的交通管理系统和智能化的交通服务系统两部分组成。

(1) 智能化的交通管理系统是由交通信号控制系统、城市交通流动态诱导系统、交通事件监控系统、应急救援服务系统、不停车收费系统等联网组成的，即在交通管理范围内，建立交通管理中枢及高度自动化的管理体系，使交通体系时刻处于良好的运行状态。

(2) 智能化的交通服务系统，即人性化的服务体系，提供"无处不在、无时不有、所想即得"的交通信息服务。例如，建立面向社会公众或特殊受众群体的公交信息服务、停车信息服务、综合枢纽换乘信息服务等系统。

5. 智能交通系统的特征

智能交通系统具有以下两个特点：一是着眼于交通信息的广泛应用与服务；二是着眼于提高现有交通流通的运行效率。

与一般技术系统相比智能交通系统建设过程中的整体性要求更加严格，这种整体性体现在：

(1) 跨行业特点。智能交通系统建设涉及众多行业领域，是社会广泛参与的复杂巨型系统工程，从而造成复杂的行业间协调问题。

(2) 技术领域特点。智能交通系统综合了交通工程、信息工程、通信技术、控制工程、计算机技术等众多科学领域的成果，需要众多领域的技术人员共同协作。

(3) 政府、企业、科研单位及高等院校共同参与，恰当的角色定位和任务分担是系统有效展开的重要前提条件。

1.3.2　智能交通系统的理论基础

智能交通系统是一种开放的综合技术，涉及通信、信息、计算机软件、人工智能、管理科学、行为科学、控制科学、交通运输以及系统科学等多门学科，多门学科的交叉和互

补构成了其发展的理论基础。

1.3.3 智能交通系统的发展概况

随着社会经济的发展，汽车骤增，基础设施短缺、道路利用率低下造成了交通拥堵。部分国家试图采用大规模增建交通基础设施来解决这一问题，但土地资源使用紧张，用于建设基础设施的空间大受限制。传统交通运输在快速发展过程中带来的负面效应越来越明显，如交通事故日渐增长、环境污染日益加剧等。寻找新途径解决这一问题已迫在眉睫。在20世纪30年代，美国通用汽车公司和福特汽车公司就倡导和推广过"现代化公路网"的构想。20世纪60年代末，美国开始研究智能交通系统，此时出现的计算机交通控制技术可谓是智能交通系统的雏形，不过当时其重要性并不明显，没有受到足够的重视。

自20世纪80年代以来，计算机技术、信息技术、通信和电子控制技术等有了飞速发展，人们意识到利用新技术解决交通问题的可行性与有效性。以日本、美国、欧洲为代表的各发达国家或地区已从依靠扩大路网规模来解决日益增长的交通需求，转移到用高新技术来改造现有道路运输体系及其管理方式。

1. 发达国家或地区智能交通系统发展情况

1) 日本

智能交通在日本的发展始于20世纪70年代。1973—1978年，日本成功地组织了一个"动态路径诱导系统"的实验。20世纪80年代中期到90年代中期的10年时间，日本相继完成了路车间通信系统(RACS)、交通信息通信系统(TICS)、宽区域旅行信息系统、超智能车辆系统、安全车辆系统及新交通管理系统等方面的研究。日本于1994年1月成立VETIS(路车交通智能协会)，1995年7月成立VICS(道路交通信息通信系统)中心。1996年4月正式启动VICS，如图1-2所示。

图 1-2　VICS 系统

VICS 系统先在东京试行，而后推向大阪、名古屋等地，1998 年向日本全国推进。日本的 VICS 是 ITS 实用化的第一步，居于世界领先水平。

2) 美国

美国 ITS 的雏形始于 20 世纪 60 年代末期的电子路径导向系统(ERGS)，中间暂停了十多年，80 年代中期加利福尼亚交通部门研究的 PATH FINDER(一套智能交通系统)系统获得成功，此后开展了一系列这方面的研究，1990 年美国运输部成立智能化车辆道路系统(IVSH)组织，1991 年国会制定了 ISTEA(综合地面运输效率方案)，1994 年 IVHS 更名为 ITS。其实施战略是通过实现面向 21 世纪的"公路交通智能化"，以便从根本上解决和减轻事故、路面混杂、能源浪费等交通中的各种问题。

3) 欧洲

1988 年由欧洲 10 多个国家投资 50 多亿美元，联合执行一项旨在完善道路设施，提高服务质量的 DRIVE 计划，其含义是欧洲用于车辆安全的专用道路基础设施，现在已经进入第 2 阶段的研究开发。目前欧洲各国正在进行 TELEMATICS(车载信息服务平台)的全面应用开发工作，计划在全欧洲范围内建立专门的交通无线数据通信网。智能交通系统的交通管理、车辆行驶和电子收费等都围绕 TELEMATICS 和全欧洲无线数据通信网展开。欧洲民间也联合制定了普罗米修斯 PROMETHEUS(欧洲高效安全交通系统计划)计划。

除此以外，新兴的工业国家和发展中国家也开始了智能交通系统的全面研究和开发。

2. 我国智能交通的发展现状

同其他发达国家一样，我国也正面临着城市道路拥挤的状况，传统的修路和控制车辆已不能有效地解决问题，开发 ITS 已势在必行。好在发达国家有这方面的经验可循，但也不能照抄照搬，要充分结合我国国情，才能开发研制出适合中国国情的智能交通系统，解决这日益严峻的问题。

◇ 安全方面迫切需要开发能够改善道路安全性能的系统和产品，这也是国际上 ITS 发展的最主要潮流。但是我国的国情与发达国家不同，我国近 40%的交通事故是由超速、超载或车辆失修、失养造成的，西部地区大量的自然灾害和恶劣的环境也是交通事故频繁发生的直接原因。必须针对我国的实际情况研究开发提高交通安全性能的系统和产品。

◇ 在交通管理方面，先进的交管系统能有效提高运输效率，减少交通阻塞，但过高的成本和过于精密的设备限制其广泛使用，有必要研制一些实用性和适用性强而成本较低的产品。

◇ 基础数据库建设从公路的勘察设计到管理都需要大量基础数据的支持，美国等发达国家的地理信息系统(GIS)已趋完善，使得他们的公路管理十分有效，我国在这方面的欠缺为智能交通的发展带来了不便，我国需要尽快建立健全国家地理信息系统。

我国从 20 世纪 80 年代初就已重视运用高科技解决交通拥堵、安全等问题。从城市交通管理入手，在借鉴英美等国先进的控制系统理念的基础上，我国开始了城市交通控制技术的研究，并在北京、上海、南京等城市进行了试点。在"九五"期间，交通部提出了"加强智能公路运输系统的研究和发展"的要求，指出应结合我国实际情况，分阶段地开

展交通控制系统、驾驶人信息系统、车辆调度与导驶系统、车辆安全系统等。我国在智能交通领域已取得了一些成果，如公路智能交通和城市智能交通等，下面对这两方面进行了详细介绍，这里就不赘述了。

1.3.4 智能交通系统发展的思考

我国和发达国家之所以竞相研究智能交通系统(ITS)的原因很多，主要有以下几点：

1) 交通需求与供需矛盾不断突出

交通拥堵、事故频发、环境污染已经严重影响人们的生活质量，因此改善交通的研究越来越受到各国政府的重视。人们曾经使用规划手段、工程技术手段、传统管理手段改善交通，但这些措施或受到投资的制约，或受到见效期短的局限，特别是在城市建成区难以靠大量拆迁来增建、拓建交通设施，见效甚微。像欧美这样的发达国家，公路网已够完善，但仍不能解决交通拥堵的这一难题，每年要承受因此造成的 430 亿的经济损失，运用高新技术于道路交通已成为迫切需要。随着科学技术的发展，从 20 世纪 80 年代开始，发达国家纷纷大量投资，集中大量人力研究智能交通系统，其基本着眼点是通过高新技术的应用，来充分提高原有道路交通设施的运输能力与安全水平。

2) 巨大的经济效益

ITS 的技术竞争实际上就是经济的竞争。ITS 具有巨大的投资市场，无论发达国家还是发展中国家都需要强大健全的 ITS 系统，今天的竞争是为了争夺明天的市场。开发成果在国际市场上带来的经济效益难以估计，这是发达国家竞相开发 ITS 的根本原因。

从 1994 年欧盟在法国召开了第一届 ITS 国际会议开始，发达国家纷纷争开国际会议，日本、美国和德国分别于 1995—1997 年主办了第二届至第四届国际会议，以显示其在 ITS 研究领域的领先地位。由此可见，世界范围内对 ITS 研究之热，竞争之激烈。

面对世界智能交通研究的热潮，以下两点值得我们深思：

(1) 在对老企业进行技术改造的同时，加快高科技新型企业发展的步伐。在一个国家交通网饱和的情况下，提高运行效率就必须采用高科技和现代化的管理。这应该是我国交通事业发展的长期战略思想。

(2) 我国交通网已经慢慢接近饱和，我国经济发展迅速，交通运输压力越来越大，为此要提前做准备，开发适合我国国情的 ITS 已迫在眉睫。目前，我国应开始构思 ITS 总体框架，同时积极对各种运输方式进行研究，尤其是重视铁路运输、公路运输、城市运输以及综合交通枢纽的研究。针对各国争相占领 ITS 技术制高点的严峻形势，我们必须立刻行动起来，走出自己的特色。

1.3.5 公路智能交通系统

公路是体现一个国家和地区现代化水平的重要标志之一，公路智能交通是实现公路现代化建设和发展的重要途径。近年来，公路智能交通系统以"提升基础设施运行管理水平、增强运输市场监管力度、提高交通安全监管与应急能力和丰富公共信息服务内容"为目标，开展了各项以公路智能交通为载体的高速公路联网监控、不停车收费系统、部省道路运输信息化系统及联网工程、重点运营车辆联网联控系统和部省两级公路出行信息服务等系统的建设，力争实现在公路交通"动态信息采集和监控""道路运输车辆运行动态监控"及"公众出行动态信息服务"三个方面的重点突破。

公路智能交通系统包括以下几个系统：

1．不停车收费系统

如图 1-3 所示，截止 2016 年，全国联网区域累计建成 1.01 万条 ETC 专用车道，非现金支付用户达 117 万，总用户超过 200 万，涵盖我国 20 多个省市。

图 1-3　ETC 收费系统

不停车收费系统操作简便、耗时少、通行效率高，车主只要在车窗上安装感应卡并预存费用，车辆通过收费站时便无需停车，不停车收费系统将完成车辆自动识别和收费数据处理，有效缓解了收费口的交通拥堵，降低了油耗。

2．桥梁管理信息系统

目前已经约有 19.6 万座高速公路桥梁、国省干线公路被纳入桥梁信息系统，该系统作为国家重点推广的科技成果，经过近 20 年的不断完善和推广，已在全国多个省市自治区的公路管理局、高速公路管理局得到应用。

3．高速公路联网监控系统

2012 年，全国公路网运行状态监控系统正式上线运行。已有 20 个省实现了高速公路联网监控，部分高速公路重要路段实现了全程监控。有效提高了高速公路经营企业的管理水平和政府主管部门的安全监管应急能力。

4．公路基础设施养护系统

公路基础设施养护系统包含了电子地图、资产特征、病害图像、前方景观等可视化信息，主要用于公路路基、路面、桥隧构造物及沿线设施等的路况快速检测、技术状况评定、使用性能预测、全寿命周期分析、养护需求分析及养护方案优化决策。目前我国已经初步建立了覆盖 30 个省级行政区的公路基础设施养护系统。

5．部省道路运输管理信息化系统及联网工程

在 2013 年底，有接近 30 个省级行政区初步建立覆盖省、市、县三级道路运输管理日

常工作的道路运输管理系统。道路运输管理系统涵盖了运输工作中的旅客运输管理、货物运输管理、危货运输管理、客运班线管理、机动车维修管理、监测站管理等多个业务领域，该系统已经成为各推广单位道路运输管理工作的一个基础信息平台。

6. 重点运营车辆联网联控系统

2010 年 4 月，全国重点营运车辆动态信息公共交换平台如期开通，实现了车辆动态数据跨地区、跨部门流转。截至 2013 年，我国已有 20 多个省建立了不同规模的重点营运车辆动态信息监控中心，受控车辆的在线率达到 80%。

7. 公众出行动态信息服务

为满足公众出行需求，以自驾出行、汽车出行、火车出行、飞机出行、出行策划、旅游出行等为内容的"公众出行信息服务系统"在大部分省已经初步建立。该系统以网站、呼叫中心、短信平台、广播、手机等服务方式为出行前、出行中、出行后的公众提供服务。

1.3.6 城市智能交通系统

城市智能交通系统是 ITS 在我国交通运输领域中应用开发最早、成绩最为显著的领域，是缓解城市交通拥堵和交通安全问题、提升城市交通运行效率、提高公众出行服务水平的有效途径。经过近几十年的发展，城市智能交通系统已初具规模，特别是一些大中城市，例如北京、上海、广州等的智能交通管理，已经步入世界先进行列。在经历包括奥运会、世博会及亚运会等国际性盛会的考验之后，我国在智能信号控制、智能交通信息系统、智能公交系统、智能出租车调度系统、智能停车系统等领域取得了众多优秀的应用成果。城市智能交通包括以下子系统：

1. 停车诱导信息系统

停车难已经成为城市有车一族面临的尴尬问题，如何快速、高效地找到停车地点成为城市智能交通中的重要组成部分，因此城市停车诱导信息系统(PGIS)应运而生，它主要通过多种方式向驾驶员提供停车场位置、使用情况、路线及道路交通状况信息，引导驾驶员最有效地找到停车场位置，均衡使用停车设施，减少路边停车现象和驾驶员寻找停车泊位所需时间。

停车诱导系统主要由停车场信息采集系统、信息管理系统、信息传输系统和信息服务系统四部分组成。通过空车位采集器采集停车场空车位并传递给信息管理系统，经信息管理控制中心计算机处理后，由传输系统即时将信息发送给驾驶员，引导驾驶员驶向停车空车位。

2. 智能交通信号控制系统

智能交通信号控制系统是运用交通工程学、心理学、应用数学、自动控制与信息网络技术及系统工程学等多门学科理论的应用系统，是城市道路交通管理系统中对交叉路口、行人过街以及环路出入口采用信号控制的子系统。

3．城市智能公交系统

智能公交系统(APTS)就是在公交网络的发展中，将现代通信、信息、电子控制、计算机网络、GPS 和 GIS 应用于公共交通系统中，并通过建立公交智能化调度系统、公交信息服务系统实现公共交通调度、运营、管理的现代化，为出行者提供更加安全、舒适、便捷的公共交通服务，从而吸引更多乘客乘用公共交通出行，缓解城市交通拥堵，有效解决城市交通问题。

4．城市出行信息服务系统

出行信息服务系统(ATIS)是发展智能交通系统的基础和关键，也是智能交通系统的重要组成部分，通过相关交通信息的采集、传输、分析处理与发布，为城市交通出行者在从起点到终点的出行过程中提供实时帮助，使整个出行过程舒适、方便、高效。

ATIS 通过装备在道路上、车上、换乘站上、停车场上，以及气象中心的传感器和传输设备上，可以向交通信息中心提供各处的交通信息；中心得到这些信息并通过处理后，实时向交通参与者提供道路交通信息、公共交通信息、换乘信息、交通气象信息、停车场信息，以及与出行相关的其他信息；出行者根据这些信息确定自己的出行方式、路线。这套系统建立在完善的信息网络基础之上。

5．出租车监控调度系统

随着人民生活水平的不断提高、社会的进步和经济的发展，人们对出行质量的需求逐步提高，这便为出租车行业发展创造了有利条件。城市出租车数量近年来增长迅速，但出租车行业管理的落后与人们对出行质量的高要求产生了矛盾，效率低、费用高、实时性差、拒载等现象严重阻碍出租车市场的发展，加上近年来出租车抢劫案件的增加，给驾驶员人身和财产安全造成严重威胁。基于以上因素建立一个统一、高效、畅通、覆盖范围广、带有普遍性的出租车监控调度系统就显得非常有必要，下面介绍的网约车系统就是针对市场需求所诞生的产物。

出租车监控调度系统，利用 GPRS(或 3G/4G)通信网和 GPS，通过车载终端实现对车辆的实时调度监控、防劫防盗报警，提高车辆运行的安全性和处理突发事件的能力，加强对车辆和驾驶员的管理。出租车监控调度系统的架构如图 1-4 所示。

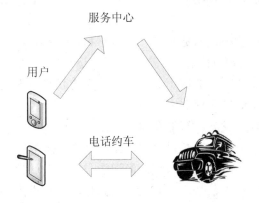

图 1-4 出租车监控调度系统

用户发出用车需求时，服务中心通过卫星天线同 GPS 定位到用户的手机位置，然后根据车载终端通过上 GPS 定位出与用户距离较近的车辆，将用户手机和车载号码分别发送给驾驶员和用户，这样用户和驾驶员之间就可快速准确地取得联系，从而达到约车的目的。

1.4 车联网与物联网

物联网被提出后，发展迅速，应用涵盖了衣、食、住、行等各个方面，而车联网是物联网发展的一个分支，属于物联网范畴。

1.4.1 物联网概念

物联网(The Internet of Things)的定义是：通过射频识别(RFID)、红外感应器、全球定位系统、激光扫描器等信息传感设备，按约定的协议，把任何物品与互联网连接起来，进行信息交换和通讯，以实现智能化识别、定位、跟踪、监控和管理的一种网络。物联网的概念是在 1999 年提出的。物联网就是"物物相连的互联网"。这有两层意思：第一，物联网的核心和基础仍然是互联网，是在互联网基础上的延伸和扩展；第二，其用户端延伸和扩展到了任何物品与物品之间，进行信息交换和通信。

1.4.2 物联网在智能交通领域的应用和发展

2010 年国务院下发了《关于加快培育和发展战略性新兴产业的决定》，提出了要进一步抢占新一轮经济和科技发展的制高点。国务院发展改革委员会组织交通、公安、环保、林业和农业五部委启动物联网应用示范工程前期工作。在一系列措施的推动下，交通运输部组织开展的《基于物联网的城市智能交通应用示范工程》等被纳入首批国家物联网应用示范工程。由此可见，加快培育物联网产业的发展战略有效地推动了物联网在交通运输领域的应用。

物联网技术为交通运输出行服务系统、以传感和相关信息技术为支撑的交通运输监测管理及应用处置保障系统提供了保障，推动了交通运输行业从传统产业向现代服务业转型，交通部对物联网在交通领域的应用高度重视，将物联网技术在交通领域的应用列入交通运输"十二五"科技及信息化规划中。

经过近 10 年的规划和发展，智能交通系统在公路、城市交通的管理、应急、出行服务、交通信息化标准等方面均取得长足进步。无论是交通服务对象出行，还是交通运输部门的日常工作都已经离不开智能交通系统。而智能交通的发展为物联网在交通运输领域的应用提供了理念、习惯、技术、基础设施的前期储备，同时也为车联网的产生作了前期的铺垫工作。

1.4.3　车联网与物联网、智能交通的关系

1. 早期狭隘的车联网理解

自 2008 年 IBM 提出"智慧地球"概念到 2011 年物联网在全球的普及，智能交通系统在物联网背景下新概念层出不穷，车联网是其中之一。

RFID 生产厂家认为车联网就是为每一辆车配置 RFID 射频设备，实现车辆信息识别定位通信等，而传统的城市交通建设厂商认为车联网就是实现车辆信息的统一管理布控，实现全国范围内的黑车牌稽查。

智能交通在汽车行业应用了近 10 余年，它的定义也较为清晰，传统的智能交通包括治安卡口系统，电子警察违章抓拍系统，公交、出租等公共运营车辆监控系统，城市道路监控系统，高速公路沿线监控系统，超速抓拍系统等。每一项子系统都针对公安或交警的执法业务管理进行设计，大大降低人为管理的低效，解决了成本高等问题。

2. 车联网与物联网

车联网其实就是广义的物联网作用于智能交通场合，利用条码、射频识别(RFID)、传感器、全球定位系统、激光扫描器等信息传感设备，按约定的协议，实现人与车、车与车、车与路的联接，从而进行信息交换和通信，以实现智能化识别、定位、跟踪、监控和管理的庞大网络系统。

3. 车联网与智能交通

车联网与智能交通的结合，可用"智慧交通"来称呼。结合国家的"十二五"规划与智慧城市的建设内容，智慧交通应该代表了未来交通系统的发展方向。智能交通是车联网的一个应用方向。

小　　结

通过本章的学习，读者应当了解：

◇　车联网是智能交通引申后的发展方向。

◇　智能交通理论涉及多种学科，包括通信、信息、计算机软件、人工智能、管理科学、行为科学、控制科学等。

◇　公路交通智能化管理是实现公路现代化的最重要途径。

◇　城市智能交通系统是提升城市交通系统运行效率，提高公众出行服务水平的有效途径。

◇　物联网是通过射频识别和智能计算等技术实现设备互联的网络。

◇　物联网在智能交通中的发展既是机遇又是挑战。

◇　车联网是物联网与智能交通结合的产物，是物联网在城市交通网络中的具体应用。

练 习

1．在世界道路协会编写的《智能交通系统手册》中，智能交通系统的定义是：对_____、_____和_____在运输系统中集成应用的统称。这种集成应用产生的综合效益主要体现在挽救生命，节省时间和金钱，降低能耗及改善交通系统运行环境上。智能交通发展的最终目标是实现交通运输的_____、_____、_____和_____。

2．简述车联网涉及的技术以及车联网与物联网的关系。

3．简述物联网定义。

第 2 章　车联网关键技术综述

本章目标

- 掌握 RFID 技术
- 了解传感器技术及常用传感器
- 了解通信网概念
- 掌握 Wi-Fi 技术两种组网方式
- 熟悉 3G/4G 技术、蓝牙技术特点
- 掌握云计算和大数据技术概念和技术特点

车联网技术是一套综合的、复杂的、学科间相互交叉的体系，主要包括感知层、网络层和应用层三大部分，其技术架构如图 2-1 所示。

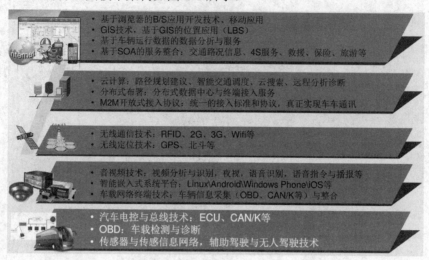

图 2-1　车联网技术架构图

2.1　感知层技术

感知层是车联网的基础，是联系物理世界与信息世界的重要纽带，是车联网信息采集的关键部分，它位于车联网三层结构中的最底层，其功能为"感知"，即通过传感网络获取环境信息。感知层是由大量的具有感知、通信、识别(或执行)能力的智能设备组成，其主要技术有 RFID 技术和传感器技术。

2.1.1　无线射频识别——RFID

1. RFID 技术的产生和发展

RFID 技术全称为无线射频识别技术(Radio Frequency Identification)，是 20 世纪 90 年代开始兴起的一种非接触式智能自动识别技术。射频识别技术是一项利用射频信号通过空间耦合(交变磁场或电磁场)实现无接触信息传递并通过所传递的信息无需人工干预达到识别目的的技术。RFID 的技术发展历程如表 2-1 所示。

表 2-1　RFID 技术发展历程

时　期	发　展　状　况
1941—1950 年	雷达的改进和应用催生 RFID 技术
1951—1960 年	RFID 早期探索阶段
1961—1970 年	RFID 技术的理论得到了发展，开始在一些领域尝试应用
1971—1980 年	RFID 技术与研发处于快速发展阶段，并出现了 RFID 早期应用
1981—1990 年	RFID 技术及产品进入了商业应用阶段，并逐渐形成规模
1991—2000 年	RFID 技术标准化问题得到重视，产品得到广泛应用
2001—至今	RFID 产品种类不断丰富，且成本不断降低，应用规模不断扩大

2．RFID 应用的国内外现状

从全球的范围来看，美国占据了 RFID 技术的领先地位，欧洲和日本次之。RFID 技术应用及市场情况如表 2-2 所示。

表 2-2　国内外 RFID 技术发展现状

国家或地区	重要公司	技术情况	国家措施
美国	TI	在芯片研发方面具有强大优势	政府也是 RFID 技术应用的积极推动者，国防部规定，美国所有军需物资都要使用 RFID 标签；美国食品及药物管理局建议制药商利用 RFID 跟踪有问题的药品等
美国	Intel	在芯片研发方面具有强大优势	
美国	Symbol	在 RFID 标签和阅读器方面具有强大优势	
欧洲	Philips	积极开发廉价 RFID 芯片	欧洲 RFID 标准追随美国主导的 EPCglobal 标准。在封闭系统应用方面，欧洲与美国基本处在同一阶段
欧洲	ST Microelectronics		
中国	从事超高频 RFID 产品伸长的企业很少，缺乏自主产权和关键核心技术的创新型企业		中国低频和高频段 RFID 技术相对成熟，特别是在二代身份证和公交一卡通等重大项目的应用发展上。在低频和高频 RFID 产品的应用规模和质量可与其他国家一较高下

从产业链上看，RFID 的产业链主要由芯片设计、标签封装、系统集成、中间件、应用软件、读写设备的设计和制造等环节组成。目前我国还未形成完善的 RFID 产业链，尤其是芯片、中间件等方面，产品的核心技术基本掌握在国外公司的手里。国内企业只具有 RFID 天线的设计和研发能力。

3．RFID 应用

作为一种新兴的自动识别技术，RFID 具有远距离识别、可存储较多信息、读取速度快、可应用范围广等优点。另外，与全球卫星定位系统(GPS)等技术相比，RFID 技术具有安装方便、适应性强、成本低、车辆无需改造等优势。因此，RFID 技术在车联网的感知层占据不可替代的作用。

采用 RFID 技术的车联网主要应用在以下系统中：

(1) 电子不停车收费系统。

电子不停车收费系统(Electronic Toll Collection，ETC)是一种用于公路、大桥和隧道的电子自动收费系统。它采用 RFID 技术，通过路侧天线与车载电子标签之间的专用短程通信，在不需要司机停车和其他收费人员采取任何操作的情况下，自动完成收费处理全过程。不停车收费涉及交通基础设施投资的回收，又是缓解收费站交通堵塞的有效手段。因此各个国家都优先投入不停车收费系统应用系统的开发，并且积极推广。目前在欧美已经比较成熟、普遍，我国也已在多地的高速公路上投入使用。

(2) 海关码头电子车牌系统。

数量巨大的货物在港口码头及海关的装卸、进出港、通关，大部分是以车辆为运输工具。因此港口码头及海关往来车辆众多，且这些车属于海关、船公司、船代公司、货代公司、港务局、集装箱场站等不同行业的不同单位,如果不统一调度管理,则会给通关及货物的流转带来很大的麻烦。采用 RFID 技术的电子车牌管理系统则能有效地解决这一问题。

(3) 城市交通调度系统。

车辆调度管理系统是智能交通系统的核心部分,也是车联网必不可少的一部分。它采用先进的信息通信技术收集道路交通的动态、静态信息,进行实时分析,并根据分析结果安排车辆的行驶路线、出行时间,以达到充分利用有限的交通资源,提高车辆的使用效率,同时也可以了解车辆运行情况,加强车辆管理的目的。

RFID 技术作为交通调度系统信息采集的有效手段,在交通调度管理系统中得以广泛应用。比如将 RFID 应用于公交车场管理系统,可有效提高公交车的管理水平(掌握车辆运用规律,杜绝车辆管理中存在的漏洞,实现公交车辆的智能化管理),提升城市形象。

2.1.2 传感技术

传感技术是车联网感知层中另一个重要组成部分,它同计算机技术与通信技术一起被称为信息技术的三大支柱。传感技术是衡量国家信息化程度高低的重要标志之一。

传感器是传感技术的载体,有广义和狭义之分。广义的传感器是指能够感受到自然界中的某一物理量信息,并能将这种物理量转化为有用信息的装置。狭义的传感器是指能将各种物理量转化成电信号的器件。电子计算机、单片机处理器正好可接受这种电信号,把它们处理成有用的数据进行存储。因此大多数情况下,传感器是指狭义的传感器。

1. 传感技术的发展

传感技术是当今世界令人瞩目的高新技术之一,也是当代科学技术迅猛发展的一个重要标志。历史上出现最早、应用最广的传感器是温度传感器,从 17 世纪初伽利略发明温度计开始,人们开始使用温度计进行温度测量。1821 年德国物理学家赛贝发明了热电偶传感器,真正把温度变成电信号。五十年后,另一位德国人西门子发明了铂电阻温度计。在半导体技术的支持下,半导体热电偶传感器、PN 结温度传感器和集成温度传感器相继出现。

从 20 世纪 80 年代起,传感技术受到重视,在世界范围内掀起了一股"传感器热"。美国国防部曾把传感技术视为 22 项关键技术之一;日本把传感技术与计算机、通信、激光半导体、超导、纳米材料并列为 6 大核心技术,日本工商界人士声称"支配了传感技术就能够支配新时代";英、法、德等国对传感器的开发投资逐年增多;苏联军事航天计划中第五条就列有传感器技术开发计划。正是世界各国的高度重视,传感技术发展十分迅速,近几十年来传感器产量及市场需求年增长率均在 10%以上。目前世界上从事传感器研制生产的单位已增至 5000 余家。

在国外,光电传感技术已广泛应用到军事、航空航天、检测以及车辆工程等诸领域。军事上,激光制导技术迅猛发展,使导弹发射的精度和射中目标的准确性大幅度提高;城市交通大多运用电子红外光电传感器进行路段事故检测和故障排解;汽车中常装载新型光电传感器,如激光防撞雷达,红外夜视装置,用于导航的光纤陀螺等。

在国内，近年来传感器行业发展迅速，市场需求持续增长，势头良好。传感技术主要应用于工业制造、汽车产品、电子通信和专用设备领域，其中工业制造和汽车产品占有市场份额的三分之一。我国经济的迅速发展给传感器行业带来了无限商机，西门子、霍尼韦尔、凯乐、横河等大企业纷纷进入我国市场，为我国工业设备制造商和汽车制造商等提供便利的同时，也对国内传感器行业带来了一定的打击。

当今传感技术的发展，特别是基于光电通信和生物学原理的新型传感技术的发展，已成为推动国家乃至世界信息化产业进步的重要标志与动力。同时，根据对国内外传感技术的研究现状分析以及对传感器各性能参数的理想化要求，现代传感技术的发展趋势可以从四个方面分析与概括：一是新材料的开发与应用；二是实现传感器集成化、多功能化及智能化；三是实现传感技术硬件系统与元器件的微小型化；四是通过传感器与其他学科的交叉整合，实现无线网络化。

2．传感器分类

传感器按工作原理可分为物理型传感器、化学型传感器和生物型传感器。利用物理效应进行信号变换的传感器称为物理型传感器，它利用某些敏感元件的物理性质或某些功能材料的特殊物理性能进行被测非电量的变换，如利用金属材料在被测量作用下引起的电阻值变化的应变式传感器，利用半导体材料在被测量作用下引起的电阻值变化的压阻式传感器。化学传感器是利用电化学反应原理，把无机或有机化学的物质成分、浓度等转换为电信号的传感器，最常见的是离子敏传感器，即利用了离子选择性电极测量溶液的 pH 值或某些离子的活度。生物传感器是近年来发展较快的一类传感器，它是一种利用生物活性物质选择性来识别和测定生物化学物质的传感器。生物活性物质对某种物质具有选择性亲和力，也称其为功能识别能力，利用这种单一的识别能力来判定某种物质是否存在，其浓度是多少，进而利用电化学的方法进行电信号的转换。

按有无外加电源可分为无源传感器和有源传感器。无源传感器的特点是无需外加电源便可将被测量转换成电量，如压电传感器能够将压力转换成电压信号，光电传感器能将光射线转换成电信号，热电偶传感器能将热能直接转换成电压信号输出等。有源传感器需要电源辅助才能将检测信号转换成电信号，大多数传感器都属于这类。

按被测对象可分为温度、湿度、二氧化碳、土壤温湿度、水位、速度、压力、加速度、水滴等传感器。

按功能材料可分为半导体传感器、陶瓷传感器、金属传感器和有机传感器四大类。

按高新技术命名可分为集成传感器、智能传感器、机器人传感器和仿生传感器等。

3．传感器在车联网领域的应用

随着人们对汽车安全性能、舒适度的要求越来越高，为了帮助客户提升汽车产品的竞争力，各个传感器厂商在技术发展上特别用心，除了继续走智能化、集成化以及小型化路线以外，传感器其他创新应用也不断涌现。

SP35 胎压传感器：英飞凌推出的 SP35 胎压传感器，是第一款将轮胎压力监测系统(TPMS)模块所有功能融入单一封装的器件，这个高度集成的器件安装在印刷电路板(PCB)上，与电池和天线一起组成一个完整的轮胎压力监测系统模块，使汽车行业供应商可以经济有效地满足美国安全法规的要求。该独立封装器件集成了带有 8 位微控制器的微机电系

统(MEMS)，TPMS 模块和电子控制单元之间通过调幅/调频(AM/FM)、射频(RF)发送器和低频(LF)接收器进行无线通信。MCU 芯片还带有存储器、电池电压监测器和高级功率控制单元。

MEMS 传感器：MEMS 是面向汽车安全应用的传感器技术的一个亮点。专家最新提出一个汽车"黑匣子"的概念，该"黑匣子"用以监控汽车的速度、安全带的使用状况以及由于汽车急转弯、急刹车、行驶不稳定、异常减速和不安全倒车等原因造成的超重力行驶，为驾驶者提供指导和预警帮助。采用 MEMS 技术可以减小器件尺寸和成本，获得了市场的认可。

ViSe 智能图像传感器：在高端的汽车中，人们常常会使用智能图像传感器来辅助驾驶。由于该传感器价格昂贵，一直未能普及。但近日，瑞士 CSEM 公司宣称其可利用 ViSe 智能图像传感器设计的实时视觉系统，把汽车视觉系统的成本从数千美元降低到数百美元。

超声波传感器：针对倒车应用的传感器，也是目前的热门之一。Murata 推出了一系列超声波传感器产品，该产品具有体积小、防水、窄范围检测、响铃时间短等特点，并采用了 110°×50° 的不对称光栅，可提高检测的准确性。

危险驾驶警告：司机由于疲劳驾驶、酒后驾驶等情况容易引起交通事故，因此可利用传感器实时检查驾驶人的异常状况并加以防止。例如，判断司机是否瞌睡时，通常利用传感器检测司机的眼球运动、体温、脑电波、皮肤电位、心跳等来；判断是否饮酒可通过车内的酒精传感器检测。

在车联网已逐步走进人们生活的今天，传感器作为车联网中的"触觉"器官发挥着越来越重要的作用。对传感器提出的要求也越来越高，随着科技的发展，传感器也在更新换代。

2.2　网络层技术

网络层位于车联网三层结构中的第二层，其功能为"传送"，即通过通信网络进行信息传输，将感知层获取的信息，安全可靠地传输到应用层，应用层根据不同的应用需求进行信息处理。

2.2.1　通信网

1. 概念

车联网需要通过通信将车辆纳入一个巨型网络，因此这就需要引入通信网的概念。通信网中的用户设备可表示为不同的端点，端点与端点之间可形成节点，这种端点到节点再到端点传输需要用到网络交换设备，从而形成"通信系统"，再将许多的"通信系统"通过"交换系统"按一定拓扑结构组合在一起，因此通信网可定义为由一定数量的端点和节点的传输链路相互有机地组合在一起，以实现多个规定点间信息传输的通信体系，如图2-2所示。

图 2-2 通信网示意图

2．网络结构

通信网的基本结构主要有星状网络、网状网络、复合型网络、总线型网络和环形网络。这五种结构各有优缺点，可用于不同的场所。

◇ 星状网络也称辐射网，其中一个点作为节点，该点与所有其他端点都有链路连接，是一个信息交换中心。其特点是结构简单，链路连接数少，但一旦中心节点出现问题，则可能会导致整个通信网崩溃。

◇ 网状网络中每两个设备或端点之间都会有一条线路连接，可以保证设备之间的通信畅通，但由于设备与设备之间都有连接，因此，当设备数量增多时，传输链路也将迅速增加。

◇ 复合型网络由星状网和网状网复合而成，以星状网为基础，在业务网络较大的转接交换中心区间采用网状网。复合型网络结合了星状网和网状网的优点，在保证通信网稳定的前提下，减少通信链路数量。

◇ 总线型网络中所有端点都连接在一个公共传输信道即总线上。

◇ 环形网络是总线网的两个端点连接在一起构成的。

3．传输链路

通信网是一个有机的整体，由终端设备、传输链路和交换设备组成。车联网中的传输链路主要是无线广域通信、专用短程通信和车辆间通信。

◇ 无线广域通信可以是单项广播(如 FM 载波或寻呼系统)、双向专用系统(如专用无线移动台)、双向公共系统(如传统的蜂窝电话系统)。

◇ 专用短程通信是指车辆与路边设备之间的无线通信，主要包括停车系统，车辆收费系统，商业车辆的路边服务、交通检测、交叉路口防撞车系统，车载人机交互系统等。

◇ 车辆间通信是指临近车辆之间可以直接通信，如无人驾驶车队的运行。车辆间通信模块的配置对于一些先进的车辆控制系统是十分必要的。

车联网被视作今后一个新型经济增长点，成为业界和学术界关注的热点。可以看到车联网的实现是逐步的，而无线通信技术作为车联网应用的核心基础也在不断的发展，在这个过程中无线通信技术的发展会推动车联网应用的实现，同时车联网也会促进无线通信技术的创新。所以无线通信技术如何更好地应用到车联网中，是值得我们深入探讨和研究的重要课题。

Wi-Fi、3G/4G、蓝牙是在网络层中进行数据传输的协议和技术，它们保证了数据能够通过无线方式进行传递。以下将分别介绍 Wi-Fi、3G/4G 和蓝牙技术的应用。

2.2.2 Wi-Fi 技术

Wi-Fi 技术将广泛应用于车联网。当前营运商制度下，车辆想联网或者获取网络资源，如音乐、电影、游戏等，便会产生流量资费。要普及车联网娱乐，Wi-Fi 技术将是关键点和突破点之一。

Wi-Fi(Wireless Fidelity)俗称无线宽带，又叫 802.11b 标准，是 Wi-Fi 联盟制造商的商标，是一种可以将个人电脑、手持设备(如 PAD、手机)等终端以无线方式互相连接的技术。它是一个建立于 IEEE 802.11 标准的无线局域网络(WLAN)设备，是目前应用最为普遍的一种短程无线传输技术。

Wi-Fi 体系结构具有两种模式：基础设施无线 Lan 和自组织无线 Lan。

1. 基础设施无线 Lan

基础设施无线 Lan 中最小单位是基本服务集 BSS(Basic Service Set)，如图 2-3 所示。一个 BSS 中有一个或多个无线主机，但只有一个访问接入点 AP(Acess Point)，无线主机可以借助 AP 连接 Intenret。AP 与 AP 之间和 AP 与 Internet 之间靠交换器(Switch)或路由器(Router)连接。

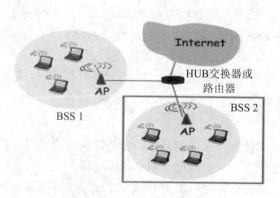

图 2-3　基础设施无线 Lan 布局图

基础设施无线 Lan 中 SSID 是服务集标识符。管理员在安装 AP 时会为 AP 分配一个不超过 32 字节的服务集标识符。通俗地说，SSID 便是用户给自己的无线网络所取的名字。

一个 BSS 可以是孤立的，也可以通过其 AP 连接到一个分配系统，然后再连接到另一个 BSS，这样就构成了一个 ESS(扩展服务集)。ESS 是指由多个 AP 以及它们的分配系统组成的结构化网络，所有的 AP 共享一个 ESSID，如图 2-4 所示。

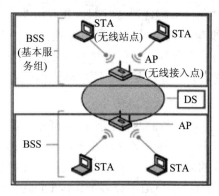

图 2-4　ESS 结构图

2．自组织无线 Lan

自组织无线 Lan 不受 AP 中央控制，因此一般不连接外部网络，如图 2-5 中 BSS1 和 BSS 2 是两个独立的基本服务集。

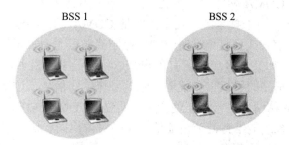

图 2-5　自组织无线 Lan 示意图

车联网采用基础设施无线 Lan 与自组织无线 Lan 相结合的方法。车辆移动时可以从 ESS 网中的不同 AP 获取网络资源，下载地图、音乐、电影等信息。但这些资源需要消耗网络数据流量，产生资费。也可以通过自组织无线 Lan 获取临近车辆的资源信息，前提是临近车辆自愿开放车里的资源信息，根据开放资源的多少决定其所能获取资源多少，这里不再展开。

车联网广泛使用 Wi-Fi 主要有以下原因：(1) 无线电波覆盖范围较广，公路上可达面积 100 m^2。(2) 传输速度快，可达到 54 Mb/s，符合车辆下载数据的速度需求。(3) Wi-Fi 芯片价格低廉，可以大范围使用。(4) Wi-Fi 信号规定发射功率不超过 100 mW，实际发射功率为 60～70 mW。手机发射功率为 200 mW～1 W，手持式对讲机高达 5 W，且无线网络的使用并非直接接触人体，相比而言，使用 Wi-Fi 是健康安全的。

美国已经率先开启了 5G 嵌入式 Wi-Fi 模块应用于车联网项目，车辆配备了嵌入式通信设备连接汽车的车载计算机网络，安装了汽车制造商的定制警告界面和多个摄像机。每辆车通过专用短程通信通道连接，类似于家庭或是咖啡馆使用的 Wi-Fi 网络。

2.2.3　3G/4G 技术

目前车联网行业中使用最广的就是 3G/4G 通信技术，如通用公司的安吉星系统、福

特的 SYNC 系统等都是通过此技术实现语音呼叫,获取相关信息的。

从 20 世纪 80 年代中期第一代模拟移动通信系统出现,到 90 年代初第二代数字移动通信系统,再到 21 世纪初第三代移动通信设备的出现及普及,直到今天人们对第四代移动通信的研究及使用,只短短几十年,足以证明移动通信的发展速度之迅猛。

1. 3G 通信技术

3G 指第三代移动通信技术,与前两代相比,除可兼容第二代外,第三代移动通信系统的主要特征有:提供丰富多彩的移动多媒体业务,其传输速率远高于第二代通信系统;提供更大的系统容量、更好的通信质量;能在全球范围内更好地实现无缝漫游。目前国际电信联盟接受的 3G 标准主要有 CDMA(码分多址)、WCDMA 与 TD-SCDMA。

(1) CDMA 是在数字通信技术的分支——扩频通信的基础上发展起来的一种技术。CMDA 是美国通信标准,它是由世界上最早的移动系统 IS-95 系统演化而来的。CDMA 已经运行十多年,十分稳定。在继承 IS-95 系统的组网、系统优化等功能的基础上,CDMA 系统引入了一些先进的无线技术,进一步扩展了业务速率,提升了系统容量。在我国,联通公司在其 CDMA 网络建设中就采用了这种升级方案。

CDMA 系统是一个自干扰系统,功率控制是 CDMA 的核心技术。在车联网通信中,车载 3G 向基站发送信号或拨打电话时,功率控制就显得尤为重要。解释其重要性首先需要理解"远近效应",如某一区域的所有用户都以相同的功率发射信号,则靠近基站的手机信号就强,而远离基站的手机信号就弱,强信号掩盖弱信号,这就是移动通信中的"远近效应"。随着车辆的移动,信号强弱便会更加明显。CDMA 功率控制的目的就是为了克服"远近效应"使系统既能维持高质量通信,又不对占用同一信道的其他用户产生干扰。

(2) WCDMA 是宽带码分多址,是一种 3G 蜂窝网络,使用的部分协议与 2G 的 GSM 标准一致。具体来说,WCDMA 是一种利用码分多址复用方法的宽带扩频 3G 移动通信空中接口。WCDMA 主要起源于欧洲和日本的早期第三代无线研究活动,欧洲于 1988 年开展 RACE Ⅰ(欧洲先进通信技术的研究)程序,并一直延续到 1992 年 6 月,它代表了第三代无线研究活动的开始。1992—1995 年之间欧洲开始了 RACE Ⅱ 程序。ACTS(先进通信技术和业务)建立于 1995 年底,为 UMTS(通用移动通信系统)建议了 FRAMES(未来无线宽带多址接入系统)方案。在这些早期研究中,对各种不同的接入技术(包括 TDMA、CDMA、OFDM 等)进行了实验和评估,为 WCDMA 奠定了技术基础。

(3) TD-SCDMA 是由我国在 SCDMA 技术上提出的一种 TDD 技术方案,并希望能够用于支持从微蜂窝到宏蜂窝的各种应用环境。在 TD-SCDMA 中,使用了大量的先进技术,如智能天线技术和联合检测技术等。

同其他技术相比,TD-SCDMA 技术有两大优势:

(1) TD-SCDMA 技术采用智能天线和低码速率,频谱利用率高,能够解决高人口密度地区频率资源紧张的问题,并在互联网浏览等非对称移动数据和视频点播等多媒体业务方面优势突出。TD-SCDMA 的基站天线是一个智能化的天线阵,能够自动确定并跟踪手机的方位,发射波束始终对准手机方向,这样可以降低基站的发射功率,从而降低运营成本。

(2) TD-SCDMA 技术采用软件无线电技术,可使运营商在增加业务时,能在同一硬件平台上利用软件处理基站信号，也就是只要加载不同的软件就可以实现不同的业务。

2．4G 通信技术

4G 是指集 3G 与 WLAN 于一体，并能够传输高质量视频图像的第四代移动通信技术，它的图像传输质量与高清晰度与电视不相上下。4G 系统可达 100 Mb/s 的下载速度，比目前的 ADSL 快 200 倍，比通常意义上的 3G 快 50 倍，上传的速度也能达到 20 Mb/s，并能够满足几乎所有用户对于无线服务的要求。而在用户最为关注的资费方面，4G 与固定宽带网络差不多，但计费方式更加灵活，用户完全可以根据自身的需求确定所需的服务。此外，4G 可以在 DSL 和有线电视调制解调器没有覆盖的地方部署，然后再扩展到整个地区。4G 通信的优势主要有：

- ◇ 速度快、网络频谱宽。第四代移动通信系统速度可以达到 10～20 Mb/s，最高甚至可以达到 100 Mb/s，每个 4G 信道将占有 100 MHz 的频谱，相当于 W-CDMA 3G 网路的 10～20 倍。
- ◇ 通信更加灵活。从严格意义上说，4G 手机的功能已不能简单划归"电话机"的范畴，毕竟语音的传输只是 4G 移动电话的功能之一而已，4G 手机更应该算得上是一只小型电脑。而且 4G 手机从外观和式样上，将有惊人的突破，我们可以想象的是，任何一件你能看到的物品(如眼镜、手表、化妆盒等)都有可能成为 4G 终端。
- ◇ 智能性能更高。第四代移动通信的智能性更高，不仅表现在 4G 通信的终端设备的设计和操作具有智能化(如 4G 手机能根据环境、时间以及其他设定的因素来适时地提醒手机的主人此时该做什么事或者不该做什么事)，更表现在 4G 手机可以实现许多难以想象的功能。
- ◇ 提供各种增值服务。4G 通信并不是从 3G 通信的基础上经过简单的升级而演变过来的，它们的核心技术是不同的。3G 移动通信系统主要是以 CDMA 为核心技术，而 4G 移动通信系统技术最受瞩目的则是正交频分复用技术(OFDM)，利用这种技术人们可以实现无线区域环路(WLL)、数字视频广播(DVB)、数字音讯广播(DAB)等方面的无线通信增值服务。

4G 通信的普及将为车联网行业带来无限的生机和前所未有的重大改变，将改变车联网的商业模式。车辆间将实现实时互通、零延时收发数据、无人驾驶、远程驾驶等先进的、智能的体验。总之 4G 网络将给人们的生活带来质的改变。

2.2.4　蓝牙

作为短距离无线通信技术，用户可以通过蓝牙实现手机与车载系统的互动，如显示视频通话、传输手机导航地图等。

所谓"蓝牙"(Bluetooth)技术，实际上是一种短距离无线通信技术，是由世界著名的 5 家大公司——爱立信、诺基亚、东芝、IBM 和 Intel 公司，于 1998 年 5 月联合宣布的一种开放性无线通信规范。它以低成本的近距离无线连接为基础，可以实现固定设备与移动设备的短距离数据交换。其实质内容是建立通用的无线电空中接口，使计算机和通信进一步结合，让不同厂家生产的便携式设备在没有电线或电缆相互连接的情况下，能在近距离范围内相互操作。

手机、PAD、PC 等可通过蓝牙直接连接到车载系统中。蓝牙技术使得现代一些可携带的移动通信设备和电脑设备不必借助线路就能互联，其实际应用范围还可以拓展到各种家电产品、消费电子产品等。图 2-6 为基于蓝牙技术的无线局域网的系统模型。

图 2-6　蓝牙通信示意图

1. 实现技术

蓝牙的载频选用在全球都可用的 2.4 GHz 的 ISM(Industrial Scientific Medical Band，开放给工业、科学和医学机构使用的频段)频段，其收发信机采用跳频扩谱技术，2.4 GHz ISM 频带上以 1600 跳/s 的速率进行跳频。依据各国的具体情况，以 2.4 GHz 为中心频率，最多可以得到 79 个 1 MHz 带宽的信道。在发射带宽为 1 MHz 时，其有效数据速率为 721 kb/s，并采用低功率时分复用方式发射，适合 10 m 范围内的通信。数据包在某个载频上的某个时隙内传递，不同类型的数据(包括链路管理和控制消息)占用不同信道，并通过查询和寻呼过程来同步跳频频率和不同蓝牙设备的时钟。除采用跳频扩谱的低功率传输外，蓝牙还采用鉴权和加密等措施来提高通信的安全性。

蓝牙技术涉及一系列软硬件技术、方法和理论，包括无线通信与网络技术，形式化描述和一致性互联测试技术，跨平台开发和用户界面图形化技术，软硬件接口技术(如 RS232，UART，USB 等)，高集成、低功耗芯片技术，软件工程、软件可靠性理论，协议的正确性验证，嵌入式实时操作系统等。

2. 组成单元

蓝牙系统由天线、链路控制(固件)、链路管理(软件)和蓝牙软件(协议栈)四个功能单元组成。

1) 天线单元

蓝牙的天线单元要求其天线部分体积小巧、重量轻，因此，蓝牙天线属于微带天线。蓝牙在全球 2.4 GHz 的 ISM 频段上工作，这个频段对所有无线电系统开放，因此会收到不可预测的干扰。为此，蓝牙特别设计了快速确认和跳频以确保链路稳定。跳频技术是把频带分成若干个跳频信道，在一次连接中，无线电收发器按一定的码序列(即一定的规律，技术上叫作"伪随机码"，就是"假"的随机码)不断地从一个信道"跳"到另一个信道，只要收发双方按特定规律进行通信，就不可能受到来自这一规律的干扰。

2) 链路控制(固件)单元

目前蓝牙产品中，人们使用了 3 个 IC，分别作为联接控制器、基带处理器以及射频传输/接收器，此外还使用了 30～50 个单独调谐元件。基带链路控制器负责处理基带协议和一些低层常规协议。

3) 链路管理(软件)单元

链路管理(LM)软件模块携有链路的数据设置、鉴权、链路硬件配置和一些协议。LM 能够发现其他远端 LM 并通过 LMP(键路管理协议)与之通信。LM 模块可提供发送和接收数据、请求名称、链路地址查询、建立连接、鉴权、链路模式协商和建立、决定帧的类型、连接类型和数据包类型、建立网络连接、鉴权和保密等功能。

4) 软件(协议栈)单元

软件是一个符合蓝牙规范的独立操作系统，这个蓝牙规范包括射频、基带、连接管理、业务搜寻等核心部分以及不同蓝牙使用模式所需的协议和过程。

3. 技术特点

蓝牙技术具有以下特点：(1) 全球适用性，工作在 2.4 GHz 的 ISM 频段，使用该频段无需向无线电资源管理部申请；(2) 可同时传输语音和数据，支持异步数据信道、三路语音信道以及异步数据与同步语音同时传输的信道；(3) 可建立临时性的对等连接；(4) 具有很好的抗干扰能力；(5) 开放标准接口、成本低廉等。

随着相关产品不断得到开发和使用，蓝牙技术在汽车行业上的应用越发广泛。其中，车辆间通信、手机与车载设备的交互等新领域尤为热门，配有蓝牙技术的车载无线电装置、电话、信息娱乐和导航系统市场也迅速兴起。已经有越来越多提供蓝牙连接的车载产品在汽车零配件市场、4S 店出现。

2.3　应用层技术

车联网应用层是车联网的最上层，是与用户直接相关的层面，例如智能交通、紧急救援、娱乐设施的应用等，因此应用层涉及更大的数据量和信息处理能力。目前全球汽车保有量已接近 12 亿，车联网逐渐深入各个国家，汽车产生的需要计算的数据是难以想象的。因次，在车联网中云计算能力将越来越受到关注。本节将介绍云计算和大数据技术的概况。

2.3.1　云　计　算

对于云计算的定义目前国际上并没有统一的规定，以下是几个广为大家接受的定义：

◇　IBM 认为，"云计算是一种新兴的 IT 服务交付方式，应用、数据和计算资源能够通过网络作为标准服务在灵活的价格下快速地提供给用户"。

◇　著名咨询机构 Gartner 将云计算定义为，"利用互联网技术来将庞大且可伸缩的 IT 能力集合起来作为服务提供给多个客户的技术"。

◇　维基百科上的定义是，"云计算是一种基于互联网的计算新方式，通过互联网网上异构、自治的服务为个人和企业用户提供按需即取的计算"。

总之，云计算是基于互联网的大规模资源整合思想的具体化。

1．特点

云计算具有以下特点：

(1) 巨大规模。提供或应用云计算的企业或机构往往伴随着巨大的平台服务器，如Google、IBM 等需要几百万台服务器，这些服务器可提供庞大的计算能力。

(2) 高可靠性。云计算中心在软硬件方面都采取了诸多方式保证其可靠性，如软件多副本容错、能源保证、制冷处理、网络连接等。

(3) 强通用性。云计算很少为特定的应用和服务存在，因此，云计算需要保证不同应用类型的服务共同运行。

(4) 按需服务。云是一个庞大的资源库，用户对其中的资源可以自行选择。

(5) 价格低廉。云服务本身就有低价分享资源的优势。

(6) 自适应能力强。云计算是一个庞大复杂的信息系统，无论是对硬件、软件的管理还是它们自身的运行，人为都不可能过多干预，因此其具备极强的自适应能力。

正是由于以上这些特点，云计算才能更好地为用户提供便捷服务，才被业界人员所接受。

2．关键技术

(1) 虚拟化技术。

虚拟化是一种在软件中仿计算机硬件的技术，以虚拟资源为用户提供服务的计算形式，其目的是合理地调配计算机资源，具有灵活性强、成本低、可通过软件改变硬件等特点。从表现形式上看，虚拟化可以将一台强大的服务器虚拟成多个独立的小服务器，为不同用户服务，也可以将多个服务器虚拟成一个更为强大的服务器来完成特定的任务。

虚拟化技术是云计算最核心的技术，它为云计算提供基础架构层面的支持。可以说没有虚拟化技术，也就没有云计算服务的落地与成功。随着云计算应用的逐步深入，虚拟化技术被重视程度也越来越高。

(2) 大规模数据管理技术。

高效的海量数据处理技术也是云计算不可或缺的。云数据的存储管理不同于传统的数据管理，如何在巨大的数据网中找到特定的数据，如何在海量数据中进行特定的检索和分析，这就要用到高效的数据管理技术了。

(3) 分布式数据存储技术。

传统的网络存储系统采用单一服务器存放所有数据，其存储性能会受到服务器的制约，不能满足大规模数据的存储。分布式数据存储采用可扩展的存储方式，利用多台存储服务器分担存储负荷，提高了系统的可靠性、存储效率。云计算中广泛使用的数据存储系统是 Google 的 GFS(Google File System，谷歌可扩展的分布式文件系统)。

(4) 分布式资源管理技术。

云计算包含海量的数据，有大量的服务器以及大量的用户，在并发执行环境中，各个节点的状态都需要同步，并且在单个节点出现故障时，系统需要有效的机制保证其他节点不受影响。而分布式资源管理系统恰好可解决这一问题，它是保证系统正常运行的关键。Google 公司开发的 Chubby(基于分布式系统的粗粒度锁服务)便是著名的分布式资源管理系统。

(5) 并行编程技术。

云计算是一个支持并发处理的系统，高效、简洁、快速，特点是多用户、多任务。在保证低成本和良好用户体验的情况下，它旨在通过网络把强大的服务器计算资源分发到终端用户手中。在这个过程中，高效的编程模式显得至关重要。因此，云计算采用了一种思想简洁的分布式并行编程模型。在分布式并行编程模式中，对用户来说，后台复杂的任务处理和资源调度都是透明的，大大提升了用户体验。MapReduce 是当前云计算并行主流编程模式之一，它是 Google 开发的 Java、Python、C++编程模型，主要用于大规模数据集(大于 1 TB)的并行运算。它的运行模式是先通过 Map(映射)程序将数据切割成不相关的区块，分配(调度)给大量计算机处理，达到分布式运算的效果，再通过 Reduce(归约)程序将结果汇整输出。

(6) 信息安全技术。

随着云计算得到广泛应用，其安全问题也越来越受到重视。数据表明：使用云计算的三分之一用户和未使用云计算的 45%的用户，都将云计算的安全问题视为部署"云"的关键所在。在云计算体系中，其安全问题涉及网络、服务器、软件、系统等方面。为了保障云计算长期稳定、快速的发展，消除安全隐患便成了首要解决的问题。目前，包括传统杀毒软件厂商、软硬防火墙厂商、IDS/IPS 厂商等在内的各个层面的安全供应商都已加入云安全领域。相信在不久的将来，这一问题将会得到很好的解决。

3．云计算服务形式

从服务形式来看，云计算可分为三类：SaaS(软件即服务)、PaaS(平台即服务)、IaaS(基础设施即服务)，如图 2-7 所示。

图 2-7　云计算架构

◇ SaaS 是 Software as a Service 的缩写，主要作用是将软件应用以基于 Web 的方式提供给客户。

◇ PaaS 是 Platform as a Service 的缩写，主要作用是将应用的开发和部署平台作为服务提供给用户。

◇ IaaS 是 Infrastructure as a Service 的缩写，主要作用是将各种底层的计算(比如

虚拟机)和存储等资源作为服务提供给用户。

从关系角度看，这三层架构是相互独立的，它们提供的服务和对象是完全不同的。但从技术层面看，这三层架构又不是完全独立的，存在一定的依赖关系，比如一个 SaaS 层的产品和服务不仅需要使用到 SaaS 层本身的技术，还需要 PaaS 层所提供的开发和部署平台，或者直接部署于 IaaS 层所提供的计算资源上。

下面从技术和市场应用角度了解这三种云计算的服务情况。

(1) 软件即服务。

SaaS 是最常见的也就是最先出现的云计算服务，通过 SaaS 这种方式，用户可以直接在网上进行应用。使用 SaaS 的产品包括 Google Apps、Salesforce CRM、百度云等。用户与 SaaS 层接触较多，SaaS 层所使用的技术大多耳熟能详，比如 HTML、JavaScrip、CSS、Flash、Silverlight。

(2) 平台即服务。

PaaS 模式中云服务商可为用户提供 SDK、文档、测试环境和开发环境。在这个平台上，研发人员无需担心服务器、操作系统、网络的维护，可以方便地编写和开发应用。第一个 PaaS 平台 Force.com，可以帮助企业和第三方供应商交付可靠的和可伸缩的在线应用。除此之外，PaaS 的产品还有 Google App Engine、Windows Azure Platform 等。PaaS 层所用到的技术有 REST、多租户、并行处理、应用服务器、分布式缓存。

(3) 基础设施即服务。

IaaS 模式中用户可以装载相关应用来获得所需要的计算或者存储等资源，且只需为其所租用的那部分资源进行付费。IaaS 产品和服务有 Amazon EC2、IBM Blue Cloud、Cisco UCS 和 Joyent 等。IaaS 所采用的技术都是些低端的技术，其中常用的是虚拟化技术、分布式存储、关系型数据库、NoSQL 四种技术。

2.3.2 大数据技术

大数据是指那些超过传统数据库系统处理能力的数据，传统的数据库无法承受其数据规模和数据传输要求。如果云计算相当于一个巨大的容器，则大数据就是容器中的液体。数据中隐藏着有价值的模式和信息，例如 Face book 结合大量用户信息，定制出了高度个性化的用户体验，并创造出一种新的广告模式。

为了获取大数据中的所需信息，必须选择一种有效的方式。大数据技术可分为数据采集、数据预处理、数据存储、大数据分析和结果展示五部分。

1. 数据采集技术

数据可以是从传感器、网络社交、论坛等渠道获得的信息，数据类型包括结构化、半结构化以及非结构化数据。大数据采集即通过传感体系、网络通信体系、智能识别体系及软硬件资源接入系统，实现对结构化、半结构化、非结构化的海量数据的智能化识别、跟踪、接入、传输、信号转换、监控、初步处理和管理等。

2. 数据预处理技术

大量数据收集完毕后，需要对多种结构的数据进行分类，将一些复杂的数据转化为单一的数据类型，并过滤掉无用信息。

3. 数据存储技术

面对如此巨大的数据量，建立相对应的数据库并进行管理是大数据存储的关键点。

大数据的存储是指开发新型数据库，如键值数据库、列存数据库、图存数据库以及文档数据库等类型，以解决海量图文数据的存储及应用。

4. 大数据分析

大数据分析是指对规模巨大的数据进行分析，具体包括：

◇ 可视化分析。不管对数据分析专家还是普通用户，数据可视化是数据分析工具最基本的要求。

◇ 数据挖掘。它是指从大量的、不完全的、有噪声的、模糊的、随机的实际应用数据中，提取隐含其中的、潜在有用的信息和知识的过程。

◇ 预测性分析。根据可视化分析和挖掘结束的结果做出一些预测性的判断。

◇ 语义引擎。分析语义中隐含的消息，并主动提取信息。

5. 结果展示

大数据能够收集各种数据并对其加以分析，将其隐藏的规律挖掘出来，并利用表格、图片或文字，对其形成可视化显示，以指导人们的工作、学习，从而提高相应工作领域的运行效率。如 2014 年世界杯前，奥地利研究人员通过对各队球员的历史表现、伤病情况进行大数据分析，得出巴西夺冠概率 22.5%，阿根廷夺冠概率 15.8%，德国夺冠概率 12.4%。比赛结果却是德国队捧起了大力神杯。虽与预测有所出入，但也足以震惊世界。在 2015 年 "双 11" 晚会上，赵薇公布了一些有意思的数据，如全国购买比基尼最多的城市是哪个？哪个年龄段的人最喜欢买秋裤？哪个城市最热衷抗痘？这些都是从数以亿计的数据中提炼分析出来的，这些数据可以帮助商家更快速地了解市场，抓住商机。

在车联网世界中，数以亿计的车辆在公路上行驶，通过对车辆运行中数据的实时收集，如驾驶人驾驶习惯、当前精神状况，便可分析出车辆下一秒钟的运行状态及发生事故的概率，做到及时提醒，这将是汽车安全领域的突破性进展，也是大数据带给车联网的福音。

小　　结

通过本章的学习，读者应当了解：

◇ 国际上常用的物体标识编码体系包括对象标识符、产品电子代码、泛在识别中心。

◇ **RFID** 具有无需接触、自动化程度高、耐用可靠、识别速度快和多标签同时识别等优势。

◇ 传感器是指能将各种非电量转化成电信号的器件，能够感受到自然界中的某一物理量信息，并能将这种物理量转化为电信号的装置。

◇ 车联网中新增传感器包括激光传感器、图像传感器、雷达传感器、超声波传感器、红外传感器等。

◇ 通信网的基本结构主要有网形、星形、复合型、总线型和环形，按范围可分为广域通信、短程通信和车辆间通信。

◇ Wi-Fi(802.11)体系结构具有两种模式，分别是基础设施无线 Lan 和自组织无线 Lan。

◇ 蓝牙作为短距离无线通信技术，在车联网中用户可以通过手机方便地与车载系统互动，如在车载显示屏上显示视频通话、传输手机导航地图等。

◇ 云计算具有巨大规模、高可靠性、强通用性、按需求服务、价格低廉、自适应能力强等特点。

◇ 大数据是指那些超过传统数据库系统处理能力的数据，传统的数据库无法承受其数据规模和数据传输要求。

练　习

1. 简述车联网技术架构。

2. RFID 主要应用于_____、_____、_____。

3. 传感技术是车联网感知层中一个重要组成部分，它与_____、_____一起被称为信息技术的三大支柱。

4. 阐述网络层应用技术。

5. 云技术的特点有哪些？

第 3 章　车载设备与导航系统

本章目标

- 了解常规车载设备的用途和功能
- 了解车载导航系统概念
- 掌握车载导航系统中使用的各个模块
- 了解底特律三家汽车厂商的车载系统
- 了解当今各个汽车厂商的车载系统

3.1 车载辅助设备

车载辅助设备将在车联网中发挥重要作用。一旦车载辅助设备接入网络，只需一部手机或者一个平板电脑就可以监控车辆的所有设备，并将数据源源不断地传送到服务器。这些设备提供的数据可以直接反映出车辆状况和驾驶员状态，提前预警和规范驾驶，保证车辆和驾乘人员的生命财产安全。

3.1.1 车载设备系统

车辆车载设备总体可划分为两类：

(1) 必备的车载电子系统主要包括发动机控制系统、仪表盘电子显示系统、门锁控制系统、车灯控制系统、车窗玻璃电子控制系统、雨刷电子控制系统等。与传统的电子系统相比，目前的车载电子系统正向远程化、智能化方向发展，如远程发动汽车、开启/关闭空调等。

(2) 车载辅助设备系统集娱乐、安全、舒适于一体，主要包括导航系统，收音机、CD播放系统，行车记录仪系统，胎压监测系统，倒车影像系统，GPRS 通信系统等，这些系统可全面提升驾驶员的驾驶体验，保证驾驶的安全性和舒适性。接下来我们将介绍几款车载辅助设备。

3.1.2 行车记录仪

行车记录仪目前是驾驶员在购车后首选的外部辅助设备，如图 3-1 所示。行车记录仪是记录车辆行驶途中的影像及声音等相关信息的仪器，主要目的是以备后期辅助调查之用。道路上的车辆和行人越来越多，事故不可避免会发生，责任由谁承担，这时行车记录仪在还原事故现场、提供证据方面便发挥了极大作用。

行车记录仪是外部车载设备，只需要连接车辆的车载电源便可工作，某些型号的行车记录仪可联网，手机登录车载 Wi-Fi 便可

图 3-1 行车记录仪

远程查看实时路况。行车记录仪的工作原理很简单，就是通过摄像头记录影像和声音。但相对其他录像设备，行车记录仪有其特殊功能：

◇ 自动播放循环录制。当车辆启动后，检测到外部视频信号和 TF 卡时，立即启动视频录制。录制的视频存储为设定时长的连续 MP4 小文件，保存在 TF 中。当 TF 存满时，自动循环覆盖最早的视频文件。

◇ 自动侦测系统。只有当车辆前方有物体移动时行车记录仪才开始记录，这样可以节省不必要的内存浪费。

◇ 碰撞检测功能。碰撞检测功能就是在车辆发生碰撞后自动停止录像，保存录像数据，以备不时之需。

◇ 显示功能。显示当前时间、行车速度、经纬度信息等。

◇ 高分辨率。对于行车记录仪来说，要想能够在突发的事件中提供强有力的证据就必须要保持录像的高清度，只有高清的影像才能真实地反映当时的细节，更具有说服力。

◇ 夜视能力。夜间发生交通事故的概率要远远高于白天，带有夜视功能的行车记录仪，在晚上也能摄取高清的影像，可为交通事故提供证据。

3.1.3　胎压监测设备

胎压监测系统(TPMS)即汽车轮胎压力监测系统。在汽车行驶过程中，记录轮胎转速或安装在轮胎中的电子传感器，会对轮胎的各种状况进行实时监测，并在车胎漏气或欠压状态下进行报警。据交通部统计，每年的交通事故中，因轮胎气压问题造成车辆失控发生的事故占有较高比例。因此，轮胎气压实时检测系统在预防交通事故、保障车上人员和财产安全等方面发挥了至关重要的作用。

胎压监测设备目前有三类：间接式胎压监测、直接式胎压监测和混合式胎压监测。

1．间接式胎压监测

间接式胎压监测是指非直接测量汽车轮胎压力，它是利用对比轮胎的转速来检测车胎压力的。相对于直接式胎压监测，间接式胎压监测结构简单、成本低、耐用能力强。间接式胎压监测的监测原理是当某个轮胎的气压降低时，车辆的重量会使该轮的滚动半径变小，导致其转速比其他车轮快，这样就可以通过比较轮胎之间的转速差，达到监视胎压的目的。间接式胎压监测虽然容易实现，但也存在一定局限，一般间接式胎压监测不提醒哪一只轮胎出现问题，而且在两个车胎或多个车胎同时出现漏气的情况下，胎压监测就失效了。

2．直接式胎压监测

直接式胎压监测是在每一个轮胎里都安有压力传感器，可直接测量轮胎的气压，然后再通过无线发射器将压力信息传送到中央接收器，车载显示屏便可显示气压数据。当轮胎漏气或气压太低时，系统会自动报警。其优点是每一个轮胎都安装传感器，若有轮胎的胎压低于范围值时，驾驶员便会得到警示；测量信号比较精确，若有车胎漏气，驾

图 3-2　直接式胎压监测设备

驶员可通过行车电脑感知到，从行车电脑显示屏上便可知道任何一个轮胎的胎压情况，如图 3-2 所示。其缺点是在享受高精确度的同时也得承担其高昂的成本。

3．混合式胎压监测

混合式胎压监测是一种兼顾了胎压监测成本和检测精度的设备。在方向相对的两个轮

胎上安装胎压传感器和一个射频收发器，增加了测量的精确度，但仍不能像直接式胎压监测设备检测得那样精确。

3.1.4　倒车雷达与倒车影像

倒车雷达又称泊车辅助系统，是汽车泊车安全辅助装置，能以声音或者更为直观的方式告知驾驶员车后情况，扫除了视野死角和视线模糊的缺陷，提高了安全性。倒车雷达一般由传感器和控制器组成，市场上的倒车雷达大多采用超声波测距原理。驾驶员在倒车时启动倒车雷达，在控制器的控制下，由置于车尾保险杠上的探头发送超声波，遇到障碍物后产生回波信号，传感器接收到回波信号后经控制器进行数据处理，并判断出障碍物的位置距离，根据距离远近，控制系统通过蜂鸣器发出不同频率的"嘀、嘀嘀⋯⋯"的声音，随着距离的不断接近频率会越来越高，以提示司机注意安全。

倒车雷达有其自身的局限性，它安装在汽车后保险杠上，辐射面积有限，当障碍物位置较低或是向下凹陷的坑时，它就很难发现。倒车影像刚好可以弥补这一缺陷。倒车影像采用红外线广角摄像，显示屏即使在晚上也可以清晰地看见车后的障碍物。倒车时，倒车系统会自动接通车尾的高清摄像头，车后状况会清晰地显示在液晶显示屏上，驾驶员便可准确把握后方路况。无论新手还是老手，倒车影像都是很好的助手，倒车影像如图 3-3 所示。

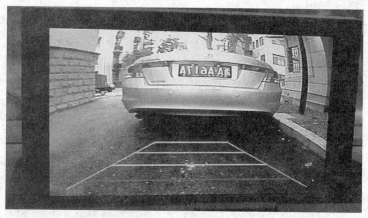

图 3-3　倒车影像

3.1.5　自适应巡航

自适应巡航也可称为主动巡航，类似于传统的定速巡航控制，该系统包括雷达传感器、数字信号处理器和控制模块。在自适应巡航系统中，系统利用低功率雷达或红外线光束得到前车的确切位置，如果发现前车减速或监测到新目标，系统就会发送执行信号给发动机或制动系统来降低车速，从而使车辆和前车保持一个安全的行驶距离。当前方道路障碍清除后又会加速恢复到设定的车速，雷达系统会自动监测下一个目标。主动巡航控制系统代替司机控制车速，避免了频繁取消和设定巡航控制。自适应巡航系统适合于多种路况，为驾驶者提供了一种更轻松的驾驶方式。

3.2　车载导航系统

汽车导航系统是近十年来兴起的一种汽车驾驶辅助设备，在装有导航设备的车辆上，驾驶员只要输入起点和终点，导航系统就会自动规划出合适的路线，开启全程语音导航，引导司机到达目的地。车载导航系统相对复杂且功能强大，所以本节单独介绍。

3.2.1　车载导航的发展

最早的导航可以追溯到 2600 年前，我国先民将指南针做成人型指示杆安装在车前，无论手推车推到哪里，指南针都会指向南方，为人们引路。如图 3-4 所示，这种指南车又称为司南车，现存在中国历史博物馆中。

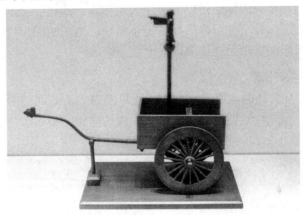

图 3-4　中国古代司南车

19 世纪 60 年代，GPS(Global Positioning System，全球定位系统)逐渐转向民用后，车载导航开始出现，主要用于汽车的定位以及路径引导。但当时卫星定位的准确性不高，没有得到普及。直到 20 世纪 80 年代，GPS 定位导航技术不断完善，加之车辆不断增加，道路状况日渐复杂，车载导航市场需求量不断扩大。

导航系统的核心是 GPS，内嵌在车载导航设备内部，可实时接收至少四颗卫星传递的数据信息。车载导航包括卫星信号、信号接收、信号处理和地图数据库四部分。

◇　卫星信号。卫星信号以 GPS 为基础，包含星历、时间、经纬度坐标、海拔坐标等。GPS 包括 GPS 卫星星座、地面监控系统和 GPS 信号接收机。卫星星座由 21 颗工作卫星和 3 颗备用卫星组成，它们均匀分布在 6 个轨道平面内，运行周期为 11 小时 58 分。

◇　信号接收。根据卫星发射信号到接收机的时间、角度等信息，可以计算出接收点的位置。事实上，卫星从发射信号到接收机接收信号会出现各种误差，如"电离层和对流程折射误差""卫星本身有关的星历差、卫星时钟误差"以及"接收机本身的位置误差、天线相位中心误差"等，它们对距离影响1.5～15 m 不等。在计算接收点位置坐标时，系统将其看成未知数，列入式

子求解。

- ◇ 信号处理。通过高阶方程、数组，解析各种已知和未知的参变量，从而计算出坐标。
- ◇ 地图数据库。地图数据库是把地图要素，如道路路线、居民地、加油站、控制点等数字化后构建成数据库，以便计算机可以存储、检查、操作、分析和显示地理特性。其中，数据的采集是通过将交互式地图识别成矢量化信息，将扫描得到的栅格数据变成 GIS(Geographic Information System，地理信息系统)数据库中的点、线、面的拓扑关系。这些数据在 GIS 中通过分层技术，把整幅图分成若干份进行存储与处理。

3.2.2　车载导航功能模块

随着科技的发展，车辆的导航定位发展越来越迅猛，其核心技术也在发生着变化，目前的车载导航系统主要由数字地图数据库、定位模块、地图匹配模块、路径选择模块、路径诱导模块、人机接口模块和无线通信模块七部分组成。

1. 数字地图数据库

数字地图数据库包含道路、交通等数据。通过 GIS 保存，可以显示地图，计算旅行路径，引导驾驶员沿着预先设定的路径行驶，提供周边宾馆、餐厅等信息，在 3.2.1 节已经介绍，这里不再赘述。

2. 定位模块

定位是车载导航系统中的基础模块，只有准确地获取驾驶员当前的地理位置，才能为驾驶员提供更精确、更可靠的导航服务。与定位模块相关的设备包括 GPS 接收机和各类传感器。定位有两个层面的意思：一方面是获取驾驶员所在的绝对地理位置；另一方面是获取驾驶员所在地区的标志建筑物、道路名称、道路交叉口等相对地理位置，这些均由定位模块完成。

单一的定位算法很难满足持续精确的定位。目前常用的定位算法是航位推算法，它是一个典型的独立计算技术，通过测量移动的距离和方位，推算下一时刻位置。航位推算法最初用于定位车辆、船舶等，所使用的加速度计、磁罗盘、陀螺仪的成本高，尺寸大。目前，随着微机电系统技术的发展，加速度计、数字罗盘、陀螺仪的重量、成本都大大降低，尺寸变小，使航位推算可以在手机导航中得以应用。

3. 地图匹配模块

地图匹配技术之所以广泛应用于车载导航中，是因为车辆不同于飞机和轮船的运行轨迹。车辆只能沿道路运行，这就很好地可利用道路网来实现地图匹配算法。

地图匹配技术就是将航位推算出来的车辆位置与数字地图中的一个相应位置相对应，即航位推算出车辆的位置后，软件将车辆的运行轨道与在数字地图数据库中的道路网络进行比较，通过识别比对，把车辆的实际位置调整为一个更为合适的位置，从而减少误差，这样就可以得到一个更加准确的位置。比如车辆在海边行驶，单纯的航位推算可能会将汽车定位到海面上，而地图匹配算法会知道车辆不会在海上行驶，便不会将车辆的运行定位到海里。

4．路径选择模块

路径选择是帮助驾驶员在出发地与目的地之间选择合适路线的一种服务。在人们的意识中，两点之间的最短距离才是路线规划的最佳方案。但随着城市车辆的日益增多，道路交通日渐复杂，两点间的最短路径已不再是最佳路径。路径的质量取决于更多因素，如交通信号灯数量、道路限行速度、弯道数量、车辆拥挤度等，这些都会影响路线的选择。目前的路线选择服务一般包括路线最短、时间最短、躲避拥堵、高速优先等选项，供给驾驶员选择。

5．路径诱导模块

路径诱导顾名思义是指引导驾驶人按照预定的路线由出发点到达目的地的一种行为。诱导方式分为出发前全程诱导和途中实时诱导：出发前全程诱导，可以规划出所有路线，供驾驶员提前熟悉路线，并作出选择；途中实时诱导，这种方式更加通用和直观，可以实时显示行驶路线，一般驾驶员运用的路径诱导多为实时路径诱导。

路径诱导就是以较强的听觉、视觉信号作用于驾驶员的耳朵和眼睛，引起驾驶员的注意，做出汽车减速、变道或转向的行为，按预先规划路径正确行驶。常见的表现形式有：

- ◇ 语音引导：如"前方 100 米红绿灯右转，请注意变道""前方铁路道口，请注意减速慢行""前方路口有监控，限速 60，您已超速，当前时速 70，请减速慢行"等。
- ◇ 文字描述：主要描述当前道路名称和距下一路口的距离。
- ◇ 图像描述：以三维图像表现出关键分叉路口，其中包括路口图像放大和标致引导，如图 3-5 所示。
- ◇ 视频：主要以路口摄像资料，描述进出关键转向点处的实景和路径为主，提醒司机注意。

图 3-5　三维图像指示图

6．人机接口模块

人机接口是直接面向用户的模块单元，即显示单元。人机界面的友好与否直接决定了用户体验度的好坏。在技术水平相差不大的情况下，人机界面友好度的高低是消费者选择

的一个重要标准。一个友好的人机界面需要全方位考虑用户的感受，其中包括界面功能、界面显示布局、操作方式等。在导航界面中，首先，用户关心的是操作是否简便，如驾车过程中需要输入目的地，驾驶员则需要触摸字体大一些的按键、支持首字母查询功能等；其次，行车过程中，驾驶员需要方便清晰地看到路口的道路名称、左右转弯车道显示，以及快速结束导航等。

7．无线通信模块

随着通信技术的发展，导航设备引入无线通信模块已是必然趋势，无线通信对进一步改善车载导航系统有着重大的意义。有了无线通信技术，车辆可以实时下载数字地图数据，及时了解当前路况，躲避拥堵。数据通过网络通信可以连接后台服务中心，后台服务中心可以通过车内其他电子设备实时反馈的状态，检测车辆状况并告知驾驶员。因此，有了无线通信模块，车载导航系统就有了新的面貌，它全面包含了导航、安全驾驶、后台服务、对车辆的远程操作等功能。

下一节将要介绍各种各样的新型、智能的车载导航系统，在全面运用无线通信网络的基础上，它们便能为用户提供更加舒适和便捷的驾驶体验。

3.3 "百家争鸣"的智能车载系统

车载系统的先进舒适与否，已逐渐成为车主购车的重点参考项目之一，汽车研发商和制造商也都敏锐地发现这一点，纷纷开始向车载系统方向加大投资成本和研发力度，力争在潜力巨大的市场中占一席之地。本节将介绍国内外的智能车载系统，以供读者了解。

3.3.1 底特律三巨头

近些年，车载系统已经成为车企招揽顾客的重要砝码，全球已有 40%的汽车配备了携带 GPS 和蜂窝无线通信技术的车载系统。目前的车载系统都是在内置芯片的基础上不断扩展业务，驾驶员可以通过车载移动设备直接与后台服务器联系或与自己手中的移动设备无缝对接。

曾经风光无限的美国底特律市，以汽车产业而闻名于世，三家大型汽车研发商、制造商和经销商在这里开启了汽车时代，一时出现了三足鼎立的状态，2014 年 1 月，菲亚特完成对克莱斯勒 100%控股。在车载系统方面，他们引领着汽车行业的发展：

◇ 通用汽车公司：车载信息娱乐系统的先驱。通用的 On Star(安吉星)系统是最早的车载系统，它兴起于 1996 年，是车载系统领域的鼻祖。

◇ 福特汽车公司：车载系统的创新者。它的 SYNC 系统比安吉星晚 11 年，但因其创新性吸引了众多消费者的眼光。继 SYNC 之后，福特又推出了 MyFort Touch 系统，用触摸屏和功能菜单取代了传统的按钮，因其操作的复杂性，并没有得到消费者广泛的接受。目前福特正在做改善新系统的努力。

◇ 克莱斯勒：杀入车载系统领域中的一匹黑马。在通用和福特之后，它以 Uconnect 系统进入车载系统市场，很快因良好的市场表现和高用户认可度，占据了部分市场。以下将分别介绍这三家公司在车载系统方面的发展。

1．通用汽车公司

通用汽车公司(GM)成立于 1908 年 9 月 16 日。自从威廉·杜兰特创建了美国通用汽车公司以来，通用公司便在全球范围内生产和销售包括雪佛兰、别克、GMC、凯迪拉克等一系列汽车品牌。通用汽车公司是美国最早实行股份制和专家集团管理的一批特大型企业之一，因其重视质量把关和新技术的采用，其产品始终在用户心中享有盛名。

2010 年，曾经先后在 AT&T、MCI 通信、通用仪器、Nextel 通信公司以及语音信息科技提供商 XO 从事电信工作的阿克森从惠塔克手中接过通用汽车总裁一职，图 3-6 为惠塔克(左)和埃克森(右)。

图 3-6　惠塔克(左)和阿克森(右)

这个曾经在电信公司工作的 CEO，上任后的第一件事就是全面进驻通信领域，积极开发车载装备，其开发的安吉星，在美国、加拿大、中国共有 600 万的用户。通用汽车公司从车联网中获取了巨额利润。

1996 年，通用汽车在车内安装安吉星，为安全驾驶提供服务。用户可以通过按钮呼叫服务中心，服务中心便可根据 GPS 定位车辆，为驾驶人提供其所需的帮助和服务，如一旦车辆发生碰撞，安全气囊被打开，安吉星便会发出紧急救援的呼叫信号。只是当时互联网和手机通信在车载领域还没有得到使用，因此这个理想也很难立刻实现。

随着科技不断的进步，通用公司对安吉星进行了升级，把 GPRS 直接嵌入车载系统，随之而来的智能手机的普及，4G 网络的引入，整个车辆就像一个移动的 Wi-Fi 场，可以自由连接网络设备。

2011 年，经过破产危机，重新调整结构后卷土重来的通用公司，展示了其强劲的势头，汽车销量一度突破千万。2013 年 2 月，通用公司宣布同 AT&T 公司建立合作关系，AT&T 将为美国和加拿大地区的通用汽车提供 4G 网络。

4G 网络接入安吉星系统，将改变整个汽车厂商的经营想法，甚至影响整个行业。由于可在汽车中进行媒体直播，如同步电视节目。

如今通用旗下的每个品牌(如图 3-7 所示)，都在研发自己的车载系统，如雪佛兰的 MyLink 系统、别克和 GMC 的 IntelliLink、凯迪拉克的 CUE。据统计，2015 年雪佛兰、别克、GMC 和凯迪拉克都已配备 4G 移动网络。

图 3-7　别克旗下品牌代表

通用汽车公司计划向软件开发者提供发动机、车身数据和安吉星智能行车系统，这样开发商就可以深入车身内部了解其运用技术，在此基础上便能开发出支持通用旗下所有汽车品牌的软件。

通用公司的下一步战略是逐步移除智能手机。汽车将变为一台功能齐全的设备，用户可以通过中控直接访问应用商店，所有与车载系统有关的 APP 都可以直接下载并存储在车辆中。要实现这样远大的目标，通用公司需要从头开始，因为老款汽车的车载系统无法兼顾这样的应用。

通用公司想要在车载系统领域取胜，就必须把信息技术发展成核心竞争优势，随着外包量减少，通用汽车计划招聘 9000 名信息技术员工。通用公司希望在这场车载系统争夺战中抢得先机。

2. 福特汽车公司

福特汽车公司创立于 20 世纪初，凭借创始人亨利·福特的"制造人人都买得起的汽车"的理想和卓越远见，在历经一个世纪的风雨沧桑后，福特汽车公司终于成为世界四大汽车集团公司之一。

20 世纪初，福特公司首次引入了流水线概念，如图 3-8 所示，从而开启了关于汽车制造的一次革命。100 多年后的今天，福特公司有望通过打造全智能车载系统再开创一个汽车新时代。

图 3-8　福特公司流水线

福特公司先于其他厂商自言要转型成为科技公司，通过 AppLink 平台改写传统的汽车体验，计划 2025 年有 1000 万辆新车装备互联网。

　　在这场互联风暴中，通用和福特分别以自己的方式占据着市场：一种是将汽车 APP 直接下载到车载系统中；一种是以智能手机为媒介，把车载 APP 下载到手机里，再连接车载系统。福特公司选择了第二种，通过将手机中的 APP 在车载系统中分享的方式开发自己的系统。如图 3-9 所示，手机可以与车载系统直接连接。2008 年，福特和微软联合推出了车载系统 SYNC。SYNC 采用开放式的平台为车主提供服务，摒弃了传统车载信息系统固定的模块设计。

图 3-9　手机与中控连接

　　2008 年，载有 SYNC 系统的车辆上市后，仅短短一个季度，销量便突破了 3 万台，截至目前，SYNC 用户达到了 400 万。SYNC 的优势在于其出色的兼容性、较强的识别能力和低廉的成本。由于 SYNC 的语音控制和智能设备无法满足消费者日益增长的需求，福特便研发了一种新 OpenXC 平台，它将汽车视为一个移动的平台，可以存储实时数据，以便迅速开发出更多的软硬件资源。OpenXC 平台将源源不断的车载应用加载到 SYNC 平台上。

　　2013 年，福特宣布正式启动"福特开发者项目"。这个项目为手机应用开发者开放了一个开发车载 APP 的平台，手机应用开发者只需要在其官网注册会员后，就可以下载 AppLink(一个专门开发安卓 APP 的软件包)软件开发包，开发包内提供编程所用的接口文件和管理器。目前注册的开发者已有 2500 多个团队，注册后的会员可在福特工程师那得到技术支持，或者通过论坛在线交流，研发者所开发的项目经过福特工程师团队审核后可发布在平台上使用。目前，有 9 款新应用将加入 SYNC，其中包括《华尔街日报》《今日美国》和亚马逊娱乐云播放器等。

　　福特 SYNC 的 AppLink 已经支持 50 多款移动 APP 来提升驾驶体验，应用比较广泛的有：Kaliki(可以帮助用户阅读报纸和杂志)、Glympse(通过定位共享车辆位置)、Amazon Cloud Player(可实现车辆音乐的云端储存)。由于平台对开发者开放，创意与实用的 APP 将会越来越多。

　　开放 AppLink 的 API 是福特的首创，也是汽车行业的一次大胆尝试，其安全隐患不容忽视。开放车辆数据资源毕竟存在风险，在所有中控都由电脑控制的今天，黑客一旦进入中控系统，便可进行一系列操作，影响汽车安全驾驶。

　　无论怎样，福特的这一举措激发了其他公司研发智能车载系统的热情。除了福特的 SYNC 外，宝马的 Connected Drive、通用的 CUE、丰田的 G-Book 都对车载系统做出了巨大贡献。虽然有开源和闭源之分，但发展车载系统的目标都是一致的。

3．克莱斯勒公司

克莱斯勒汽车公司是美国第三大汽车制造企业，公司总部设在密歇根州海兰德帕克。1925 年，沃尔特·P·克莱斯勒离开通用汽车公司，自行创立克莱斯勒汽车公司。同年，克莱斯勒公司买下马克斯韦尔汽车公司。1928 年又买下道奇兄弟汽车公司。1936—1949 年，曾一度超过福特汽车公司，成为美国第二大汽车公司，其标志如图 3-10 所示。目前克莱斯勒隶属于菲亚特集团。

图 3-10 克莱斯勒标志

随着智能手机的普及，汽车用户要求新的体验，克莱斯勒公司的 Uconnect 系统(一套车载系统)可以满足人们这一需求，目前 Uconnect 系统已经搭载在 2014 款 jeep 自由之光、大切诺基和 2015 款道奇上。为了迎合大部分人，尤其是年轻人的需求，除了安装 8.4 英寸的触摸屏，克莱斯勒公司在设计车载系统时加入了大量的机械操按键，驾驶人可以自由地在按键和触摸屏之间切换。道奇车辆的车载中控系统如图 3-11 所示。

图 3-11 道奇车辆中控系统

这套人机交互系统，在 QNX 嵌入式实时操作系统的基础上有所发展，在传统的导航、广播、救援功能之外还增加了蓝牙模块，从而实现了车载系统与手机的互动，用户可在手机上操作车内设备，如座椅调节、音乐播放，开关车门等。克莱斯勒公司的工程师们希望打造一款适应车载环境的 App Store，来提高车内舒适度和行使安全性。

目前在北美，基于 Uconnect 的 App Store 已经初具规模，用户可以在手机 APP 中输入相关文字，汽车中控系统将直接显示与文字相关的信息，如导航时的目的地、停车时的停车场等。只需每月支付给克莱斯勒公司一笔费用，驾驶人就可以使用 Uconnect 设备为他们提供的网络服务。

其中，Uconnect Assit 辅助设备与安吉星相似，在后视镜上按下按钮就可以与后台服务中心对话，要求后台提供帮助。与安吉星不同的是，Uconnect Assit 设有一个"911"按钮，当发生紧急情况时，驾驶人可以直接与"911"工作人员对话，而安吉星是与后台服务人员对接，由服务人员帮忙转接紧急救援中心。Uconnect Assit 可以通过网页入口查看车辆状态，它还有语音阅读功能，能朗读驾驶人接受到的短信。

虽然克莱斯勒公司已经被菲亚特并购，通用经历了破产重组，福特也转让出了部分子品牌，但是这三家公司在车载系统研发方面所做的巨大贡献，不应该被人遗忘。在他们的影响下，我国自主品牌的车载系统也正蓬勃发展。

3.3.2　繁荣的智能车载系统市场

1. 特斯拉车载系统

特斯拉是当下几大最受关注的高端汽车品牌之一。之所以如此受欢迎，不仅在于它有美观大方的车型、纯电动的动力系统，还在于它的新车型 Model S 中配备了一块 17 英寸的触摸屏，其车载、中控系统全部集成在触摸屏中，清晰可观，如图 3-12 所示。

图 3-12　特斯拉中控触摸屏

特斯拉以其简洁大气的触摸屏受到了广大消费者的青睐，液晶屏上可显示所有的中控功能，驾驶员可以随意地调控驾驶模式、娱乐系统、空调、座椅加热、天窗和行李箱开关、电池电量显示、电源开光等。特斯拉还与联通达成合作，可以在车内通过 3G/4G 连接移动网络，同时车辆可以方便到各地联通营业厅充电。特斯拉车载系统的功能还远不止这些，它开发了一款手机 APP，通过手机可以轻松地开关车门、查看汽车电量和车内温度等。

2. 大众车载手势系统

大众全新的车载系统可以与乘客的苹果或安卓手机进行互联，该系统还增加了手势识别功能，通过车载摄像头识别手势，使驾驶人无需进行按键或触摸操作即可操控车载系统，如同体感游戏，如图 3-13 所示。除了与手机进行互联外，大众也研发了特定的手机 APP 软件，可以对车辆远程进行解锁和上锁，车主甚至还可以站在车外像玩游戏一样遥控

汽车停车入位。

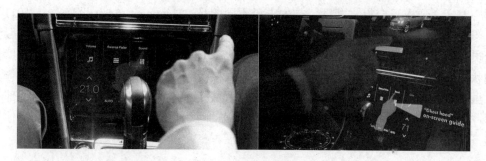

图 3-13　手势操作系统

3．宝马 iDrive 车载系统

最近，登陆中国市场的宝马 i3、i8 车载系统让人眼前一亮。宝马旗下的 iDrive 本身就是车载系统中的佼佼者，再搭配 Connected Drive 驾驶员辅助系统，给用户带去了前所未有的智能体验。新的 iDrive 不仅集成了娱乐功能，同时将各类功能重新布局，使驾驶员在需要的时候能够轻松找到对应按钮。驾驶员辅助系统能够在车速 10～60 km/h 的情况下，探索到行人或障碍物，从而提示并协助车主降速前行。

4．上汽集团 inkaNet 系统

2008 年，上汽集团启动了 inkaNet 项目，它是基于 Android 平台打造的智能网络行车系统，是汽车、通信和电脑融合的系统。这套系统集成了导航、远程呼叫、娱乐游戏下载等功能。2011 年，基于 inkaNet 的 iVoka 语音云驾驶系统正式上线，在当时引起了不小的轰动，驾驶员可以通过语音控制一系列工作，如导航、拨打电话、发送短信等，并且系统还可以与用户进行简单的闲聊。新版的 iVoka 搭载在荣威 550 上，其最大的特点是导航模块，它能够根据 200 多万辆汽车的浮动数据采集地感线圈的实时监测，以及 24 小时人工路况收集来给驾驶员提供路径优化选择。当你指定目的地和到达时间后，iVoka 会自动分析路况变化告诉你何时出发，走什么路线能够在规定时间内到达目的地。iVoka 的未来将会更加智能，甚至可以做为声纹钥匙，如声音控制车辆启动、座椅位置、安全带高度等。2016 年 7 月，上汽荣威 RX5 搭载了最新的车载 YUNOS 系统。

5．观致汽车的 Social Car 系统

观致汽车诞生于 2007 年，是由以色列集团和奇瑞汽车合资成立的中国品牌汽车。观致的逸云车载系统基于微软 Windows Azure 公有云平台而来，它借助云端实现数据的计算和存储，并整合了娱乐、导航、通信和车辆监控等功能，是最典型的车联网应用。每个用户都有自己的逸云个人账户，因此，即使在同一辆车上，不同的驾驶人也能根据自己不同的喜好定制个性化体验。

逸云与 TomTom(一款高端导航品牌)合作，实现了语音导航、实时路况分析等功能。逸云系统使用户能够通过屏幕获取车辆信息，如胎压数据、发动机状况、机油水平和提醒服务等。观致的车载系统基于云服务，因此，在未来观致会与保险公司合作，向保险公司提供用户驾驶数据，为有良好驾驶习惯的车主提供更高的保险等级，这就形成了车联网下的新型商业模式。本书第五章将会介绍这种商业模式。

6. 广汽集团 T-box 系统

广汽集团历时两年打造了一款车载系统——T-box，并将它和一体机搭载在传祺 GA3 上。广汽的车载 T-box 和一体机已经实现了手机与车辆的准无缝对接。当用户通过手机 APP 发送控制命令后，服务中心会发送控制命令到车载 T-box，T-box 通过 CAN 总线发送控制报文并实现对车辆的控制，最后将控制结果反馈到手机 APP 端。这个 APP 包含远程帮助用户开启车门、打开空调、调整座椅等功能。除此之外，T-box 还加入了语音控制模块，驾驶员通过蓝牙将手机和 T-box 连接后，可以直接通过语音控制手机上的相关应用程序。

广汽集团还特意为高配车型开发了 AVN 一体机，该一体机除了包含 T-box 的全部功能外，最大的特色是"映射功能"。映射功能允许通过蓝牙、HDMI 等连接方式，将手机或 Pad 上的视频、音频、应用程序直接投射在车辆显示屏上。映射后，用户可以用手机控制车辆，也可以用车辆屏幕控制手机。为了保证行车的安全，广汽特别规定，手机映射到车辆的游戏和视频必须在驻车时才能使用。

7. 纳智捷"THINK+"系统

东风裕隆的产品有两个引擎：一个是发动机，另一个是"THINK+"。"THINK+"车载智能系统可以实现与导航、安全、车辆、生活、商务相关的各种车载服务。"THINK+"除了常规的路况导航、语音通话等功能外，还可以实现动态停车位搜索，航班、火车票预订，电话会议，网络社交软件应用等服务。

2012 年，纳智捷改变了服务方向，推出了基于"THINK+"的 MASTER CEO 车型，这款高端 MVP 车型除了有类似头等舱的后座外，更有全新研发的高端商务客服平台。MASTER CEO 的对象是企业高端人士，车载系统也围绕工作和商务服务展开，其服务包括收发电子邮件、阅读电子杂志、订阅相关新闻、开电话会议等。

2013 年，纳智捷首款轿车 S5 上市，搭载的车载系统主要针对年轻人。其车载系统集成在一个 9 英寸液晶屏上，通过触摸可以直接实现娱乐下载、卫星导航、与手机对接等功能。纳智捷自建客服中心和服务云平台，车载系统将获取的每一辆车的数据上传到云端，云端将数据整合、分析，提取有用的信息反馈给用户，这些数据不仅仅是路况和车辆本身的数据，还包括驾驶员的驾车习惯，甚至细分到踩油门的力度和转动方向盘的规范度。商家可以利用这些数据精准地得知驾驶人的喜好，为后期产品推销做铺垫。

各个汽车品牌争相开发自己的车载系统，其目的为了提供更好的服务外，更长远的目标是迎接车联网时代的到来。在车联网时代中，智能车载系统在收集数据、互通数据、控制车辆运行中将发挥重要的作用。

小　　结

通过本章的学习，读者应当了解：

- ✧ 从 20 世纪 50 年代开始，汽车中的电子设备已经开始向模块化、网络化发展。
- ✧ 车载设备包括车辆必备设备和车辆辅助设备。
- ✧ 车载导航的核心部分是 GPS，它靠接收天体中的卫星信号来为车辆提供导航定位服务。

◇ 车载导航系统功能模块包括：数字地图数据库、定位模块、地图匹配技术、路径选择模块、路径诱导模块、人机接口模块、无线通信模块。

◇ 从美国底特律三大厂商到国内外自主品牌，车载系统正蓬勃发展。

练 习

1. 简述你所了解的车载设备。
2. 简述胎压监测设备的工作原理。
3. 车载导航想要正常运行有四大要素：_____、_____、_____和_____。
4. 车载导航系统有哪些功能模块，简述它们的作用。
5. 简述你了解的车载电子系统有哪些。

第4章　车联网应用

📖 本章目标

- 了解安吉星系统的功能及应用
- 了解车联网物流配送模式
- 了解车联网配送优势
- 熟悉车辆定位的几种方法
- 了解网络约车在我国的发展
- 了解车联网在我国的发展

车联网已经慢慢深入人们的生活中，目前市场上已经有多种为人们提供便捷服务的车联网应用，本章将通过现实的几个例子详细介绍车联网在人们生活中起到的重要作用。

4.1 安吉星系统

作为车载系统，第 3 章已经简单介绍过安吉星系统。其实，安吉星系统的功能还有很多，本节将详细介绍这个车联网中首个车载系统的实践者。

4.1.1 工作流程

安吉星英文名为 On Star，是美国通用汽车公司于 1996 年在汽车中安装的车载系统，它是车载系统的鼻祖，是最早出现的车联网形式。安吉星通过无线通信技术和全球卫星定位系统向用户提供完善的无线服务，只需要几个按键就能联系客服或进行电话拨打。

图 4-1 安吉星控制面板

安吉星主要依托于车上的 CDMA 网络和 GPS 定位服务，它的操作面板位于后视镜边框上，如图 4-1 所示。

安吉星控制面板上有三个按键式按钮，可以分别进行免提语音通话、呼叫客服中心和紧急求援等活动。

图 4-2 展示了安吉星系统工作流程。

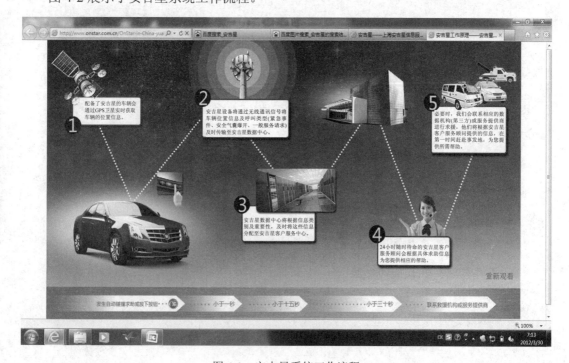

图 4-2 安吉星系统工作流程

卫星会实时跟踪和获取车辆位置信息。当车内人员按面板上的功能键时，安吉星设备将通过 CDMA 网络，将车辆位置信息和呼叫类型(如呼叫客服、紧急求援、车辆受损)传输到安吉星后台服务中心；后台服务中心将根据接收到的信号类型和事故重要性进行分类并联系客服人员；客服人员会根据驾驶人要求或者当前状况做出相应的处理。它通过呼叫后台的方法将车辆和周边事物联系在一起。

4.1.2　功能

随着安吉星系统的不断发展，安吉星提供的服务越来越全面。下面将列举出安吉星系统的主要功能：

✧ 最左侧的白色按钮，按下按钮后可以开启全音控免提电话功能。驾驶员可以在驾驶过程中轻松地拨打或接听电话(不需要经过后台客服人员，通过车内安装的 SIM 直接拨打电话，相当于一步免提手机)，确保行车安全。该按钮还包括保存联系人姓名、语音呼叫联系人电话号、获取本机号码、录音等功能。

✧ 中间的蓝色按钮是车辆连接安吉星后台客服人员的快捷按钮。在日常驾车过程中，驾驶人遇到的所有问题都可以按此按钮与安吉星客服联系，安吉星客服人员会通过来电直接得知驾驶员的身份信息，并提供诸如车况检测、导航、路边救援、路边设施寻找、驾车问题等服务。

✧ 最右侧的红色按钮是在紧急情况下使用的按钮，它在后台服务中优先级最高，所有按紧急按键的联系人都将会第一时间接通后台电话，同时车辆位置也会同步传送到后台服务器，以便客服人员确认驾驶员的当前状况，及时提供所需的救援帮助。图 4-3 是安吉星系统的辅助功能。

图 4-3　安吉星系统辅助功能

下面介绍其中比较重要的辅助功能。

1．碰撞响应紧急救援

当汽车安全气囊打开，或者未开启安全气囊但车辆发生较严重的扭曲时，安吉星碰撞传感器会响应，自动通过 CDMA 网络拨打后台客服中心，并传输定位坐标。客服中心将会按优先级别最高的紧急求助接入线路，安吉星客服人员就可以通过电话方式确认驾驶员所出现的状况，或直接联系当地救援人员。

2．远程开锁

车联网中，一个非常实用的功能就是远程控制。当车主或者家人想要到车上取东西却忘记带车钥匙的时候，以往就只能回家拿钥匙，现在装了安吉星系统后，就可以免除这种麻烦。安吉星系统提供远程开锁功能，只要打开安吉星软件或者拨打客服电话，身份信息得到确认后，就可以远程打开车门。这项服务非常实用，也是车联网必备的功能之一，据统计每月利用软件或拨打客服电话进行远程操作服务达 70 000 多次。

3．路边救援和远程诊断

如果车辆在某处抛锚，可以通过蓝色按钮呼叫客服，客服将通过远程实时诊断的方式，查看汽车各部分如发动机、排放器、刹车系统的运行状态，或者汽车机油、汽油含量，在发现故障后远程指导车主进行故障排除，如果无法排除，则会根据车辆坐标位置，联系拖车或者附近通用经销商进行处理。

4．被盗车辆追踪和车辆限制启动

当发现车辆被盗，车主便可呼叫安吉星客服，在身份得到确认后，安吉星将会追踪车辆行进路线，迅速定位出车辆位置，然后直接联系当地公安部门进行处理。安吉星系统还有车辆限制启动功能，开启此项功能，车辆熄火后就无法再次启动。当车辆被找回后，可以按要求解除车辆启动限制。

5．车辆导航和停车位提醒

车辆导航是安吉星系统最常用的一项功能，驾驶员按中间蓝色按钮与客服联系，说明目的地后，客服人员将会把最新的规划路线发送到汽车终端，并可全程语音导航。如果在停车场，驾驶员忘记了车辆停放位置，安吉星客服将会远程操作车辆，使车辆发出鸣叫声或闪烁远光灯来提示驾驶员。

4.1.3 手机 APP

4.1.2 节中所讲到的安吉星系统的功能都是车联网中必不可少的，但前提条件都需联系客服。在车联网中，抛开后台，使车与人直接相连，也是十分必要的。因此安吉星开发了手机 APP 客户端。图 4-4 所示即为安吉星手机 APP 主界面和服务密码输入界面。

APP 主界面集成了致电安吉星、车辆检测报告查询、车门上锁、车辆位置查找、车况实时查看、遥控和导航等功能。只要有网络，无论在哪都能方便地操控车辆和查看车辆信息。为了保证车主信息的安全性和保密性，每个 APP 都需要登录密码，并且在查询相关信息的时候需要输入查询密码。

图 4-4　安吉星 APP 主界面和密码输入界面

正确输入服务密码后可进行车辆遥控、车辆位置查询等操作，如图 4-5 所示。

图 4-5　车辆遥控和位置查询

当在手机显示屏上点击"车门上锁"或"车门解锁"后，车门将自动锁定或打开。除此之外，还可以进行其他远程操作，如启动车辆、开启空调(上车后便可有一个舒适的环境)、点击车停位置提醒按钮(车辆会发出鸣叫或者闪烁车灯，便于车主准确地找到车辆)。车主还可以查看最近的操作，防止操作失误带来的不便或造成的损失。

车主可以通过 APP 查看安吉星每月下发的车辆检测报告，获得汽车各部分运行的状况。图 4-6 为车辆下发的各部分运行状态检测报告。

图 4-6　车辆检测报告

安吉星系统作为汽车行业最早的车载系统，为车载系统的研发做出了巨大的贡献，同时也为车联网的发展提供了宝贵的经验。

4.2　物流配送系统

"双十一"已经成为喜欢网购一族所期盼的日子，在 2015 年的"双十一"购物节上，网上成交额达到 912 亿人民币，比 2014 年增长了 300 多亿。由此可以看出，网购已被越来越多的人所接受。"双十一"过后，最忙碌的便是快递公司，快递的登记、运输、配送变得越来越重要。购物者想要知道物品的具体位置，只需要到网站输入产品订单号就可以查看物流配送信息。接下来，本节将对国内传统的物流配送模式、车联网时代物流配送新模式及其特点进行一一介绍。

4.2.1　物流配送模式

随着改革开放的深入，我国物流产业面临着巨大的发展机遇。然而，缺乏技术支撑、缺少专业的管理人才、供应链有待完善等问题都制约了我国物流业的发展。目前，国内物流业主要存在以下五种配送模式。

1．自营配送模式

自营配送模式是指企业创建的，完全为本企业生产、经营提供配送服务的模式。该模式要求企业自身物流具有一定的规模，可以满足配送中心发展的需要。但随着网络技术的发展，这种模式必将会向其他模式转化。

2．合作配送模式

合作配送模式是指若干企业由于共同的物流需求，在充分利用每个企业现有物流资源的基础上，联合创建的配送模式。这种模式通过合作和共享打破了企业之间的界限，实现物流高效化。

3. 第三方物流配送

第三方物流是指独立于买卖双方之外的物流公司，它通过与第一方或第二方的合作来提供专业化的物流服务，它不拥有商品，不参与商品买卖，而是为顾客提供系列化、个性化、信息化，以合同来约束、以结盟为基础的物流代理服务。第三方物流企业一般都是具有一定规模的设施设备(库房、站台、车辆等)和专业经验、技能的经营企业。第三方物流是物流专业化的重要形式，体现了一个国家物流产业发展的整体水平。目前，第三方物流的发展十分迅速。随着物流业务范围的不断扩大，商业机构和各大公司的竞争日趋激烈，为提高服务质量，物流企业也在不断拓宽业务范围，提供配套服务。

目前使用最多的是第三方物流配送。第三方物流配送越来越重视核心业务，而将运输、仓储等相关业务环节交由更专业的物流企业进行操作，这样就造成了物流跟踪的脱节和更新不及时，无法实时查看货物状态。

4. 第四方物流

第四方物流并没有自己的基础设施和运输工具，它是专门为第一方、第二方和第三方提供物流规划、咨询、物流信息系统、供应链管理等活动的。所以第四方物流公司的核心竞争力是其在电子商务方面的知识和经验，为物流客户提供一整套的物流系统咨询服务。第四方物流具有以下优势：

- ◇ 整合了整个供应链及物流系统。第四方物流利用第三方物流在运输、储存、包装、装卸、配送等实际的物流业务操作能力方面的优势，结合自身擅长的集成技术、战略规划、区域及全球拓展能力等进行物流配送。

- ◇ 具有信息及服务网络优势。第四方物流公司的运作主要依靠信息与网络，其强大的信息技术和广泛的覆盖服务网络是客户企业开拓国内外市场、降低物流成本所极为看重的，也是取得客户信赖，获得大额长期订单的优势所在。

- ◇ 具有对供应链服务商进行资源整合的优势。第四方物流作为第三方物流平台之上的新生事物，它有能力将所有物流公司统一规划，整合最优秀的第三方物流服务商、管理咨询服务商、信息技术服务商和电子商务服务商等，为客户企业提供个性化、多样化的供应链解决方案，为其创造超额价值。

- ◇ 具有人才优势。第四方物流公司拥有大批高素质物流方面的管理和技术专业人才和团队，可以为客户企业提供全面的、卓越的供应链管理、运作、技术与服务，在解决物流实际业务的同时实施与公司战略相适应的物流发展战略。

5. 物流一体化

所谓物流一体化，是在第三方物流的基础上发展起来的新物流模式。物流一体化是以物流系统为核心，由生产企业经物流企业、销售企业，直至消费者的供应链的整体化和系统化。这种模式还表现为用户之间广泛交流供应信息，从而起到调剂余缺、合理利用、共享资源的作用。在电子商务时代，这是一种比较完整意义上的物流配送模式，它是物流业发展的高级和成熟的阶段。

传统第三方物流配送模式图如图 4-7 所示。

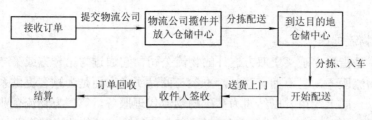

图 4-7 传统物流配送模式

图 4-7 展示了传统的物流配送模式。发货商收到订单后联系物流公司，物流公司揽件放入当地仓储中心准备发货，商品分拣后发送目的地仓储中心，再次分拣后开始配送，收件人签收，整个配送完成。

传统的物流配送方式存在许多弊端：接收订单后，物流公司因布局不合理，制度不规范，常常出现不能及时调配、货物滞留、仓储爆满、信息滞后等问题，严重影响配送效率。货物分拣出库后，物流公司没有对配送途中的商品进行实时监控、登记，因此用户无法查看商品运输中的具体情况，甚至在配送过程中出现的问题也无法及时得到反馈。基于车联网的新配送模式能较好地解决传统配送模式中存在的种种弊端。

4.2.2 京东物流配送模式

京东商城是国内 B2C(商对客，商场直接面对消费者销售产品和服务的商业零售模式)市场中的佼佼者。自 2007 年开始，京东商城就计划建设自己的物流体系。2009 年初，京东成立物流公司，并于 2012 年获得快递牌照，投入运转。近年来，京东商城的销售增长率一直保持在 200%。京东商城能维持这种发展势头，正是得益于物流配送及售后服务的提升。本节将进一步分析京东物流运用车联网的配送模式。

物流配送就是把商户手中的产品送到消费者手中的过程，包括出库、分货、拣选、配送。京东商城依托多年打造的庞大物流体系，实现了从下单→出库→配送→售后的多种功能相结合的物流体系。

1. 京东商城的自营式配送模式

自营式物流配送模式是指企业物流配送的各个环节由企业自身筹建并组织，实现对企业内部及外部货物配送的模式。这种模式有利于企业自身的管理，并能保证服务的质量。但采用自营式配送的前提是企业必须有足够的资金为配送所带来的成本买单。京东商城在成都、北京、上海、广州、武汉等地，斥巨资打造了自己的物流中心，并在临近交通要点建立配送站。如图 4-8 所示为京东商城自营式配送模式结构体系流程。

京东商城的自营模式不同于第三方物流公司(如三通一达、顺丰)，他们的目的是追求如何让货物快速流动，比如怎么把一件货品从北京低成本、超快速地发到上海去。基于这样的目的，它们的模式是每个点都在收货，每个点都在送货，导致网络非常复杂。而京东自营式配送是当客户下单后，系统开始搜索配送地的物流中心，从物流仓储中心直接发送到配送点，再由配送点直接送到客户手中。因此，京东物流可以在最短时间内完成货物配送。快速检测商品的库存和位置，合理调配配送车辆就成为自营式配送模式的重点。

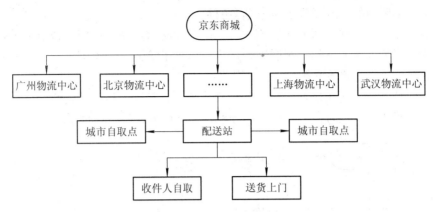

图 4-8　京东商城自营式配送模式体系流程

面对这个问题，京东采用了条形码与 GPS 结合的技术方案，提高了库存检索效率和配送定位服务。京东物流中心分为三大部分：收货区、仓储区和出库区。在收货区厂家送来的每个货品都会贴上条形码标签作为识别这个货品的"身份证"。然后，货品在仓储区上架入库，每个架位都有编号，在上架前，理货员将条形码信息与编号对应存入数据库，这样在客户下单后，就可以做到快速出库。

每个包裹都贴有条形码，运货的车辆也有相应的条形码。出库时，包裹和车辆上的条形码都会被扫描，包裹上的条形码与车辆条形码相互关联。当车辆在路上运行时，车载 GPS 与地图就可进行实时的位置信息传递。当车辆到了分拨站点分配给配送员时，配送员通过内置 GPS 的手持 PDA 扫描每件包裹的条形码，从而可获得包裹的配送信息。而 PDA 系统又与京东商城的后台系统相关联，将被扫描包裹的实时位置信息通过京东商城的后台系统开放给前台用户，这样，用户就能及时看到自己的订单从出库到送货的运行轨迹。这就构成了京东物流车联网系统。

这种配送模式大大提高了配送效率，因此京东商城才有魄力地针对北京地区做出"上午 11 点前下单，下午送达；晚上 11 点前下单，次日上午送达"的承诺。

2．京东商城的混合式配送模式

京东商城除了自营式配送外，还有自营与外包相结合的配送以及第三方配送方式。由于成本高和商品发货数量少等因素的限制，京东商城采用出库后委托第三方快递公司配送的模式，配送偏远地区的货物。但这种模式也有弊端，就是无法监控第三方物流，并且无法保证配送质量。

总之，京东物流依据车联网思维建立起了自营式物流配送体系，通过近几年的发展，可以看出自营式配送体系的时效性，京东商城也因此赢得了大量的客户群体。这也是车联网在网购大潮中做出的突出贡献。

4.2.3　车联网配送新模式

车联网配送体系是随着计算机、物联网技术不断发展而兴起的。网购商品数量越来越多，传统的配送效率低下、成本高，且不利于查询，难以满足新形势的需求。为了解决这一问题，基于车联网的配送受到了越来越多的重视。

本节主要介绍车联网下新的配送模式，利用车联网信息交互快捷的特点来节约时间，从而达到降低运输成本的目的。车联网配送模式借鉴了第四方物流配送对信息和网络技术的应用，且兼备第三方物流在配送方面的优势。

如图 4-9 所示的基于车联网的物流配送模式图。它有别于传统的物流配送模式，所有的业务以车联网物流平台为中心，集发件分配、调度运输、实时查询于一体。

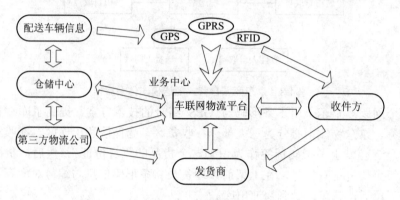

图 4-9　车联网物流配送平台

当收件方向发货商提交商品需求后，发货商将联系车联网物流平台而不是第三方物流公司。车联网物流平台接到订单时会对订单进行审核、分类，综合考虑订单的位置、仓储库存等情况，挑选出最合适的第三方物流公司进行配送。作为订单的接收方，第三方物流公司在收到车联网平台的指派消息后，会第一时间联系发货商并取件。物流公司取件后反馈给物流平台，并按物流平台的指示存入仓储中心。货物入库登记后，物流平台将会根据收件方地址，指定最优的路线，并将相关信息发送给仓储中心，仓储中心收到指定路线后，将所有相同路线的商品打包，并装入带有车联网终端的集装箱。打包完成后反馈给物流平台，物流平台根据发货量分配发货车辆。带有车联网终端的集装箱通过 GPS、RFID 等技术确定自身位置，并将位置信息实时传送给物流平台(对于一些对温、湿度有要求的货物，会用带有温、湿度传感器的集装箱，温、湿度传感器数据会通过 GPRS/3G/4G 网络传送给物流平台，进行实时数据监控)。在集装箱中配有云摄像头，可以通过网络实时查看货物实景。所有这些信息被汇总到物流平台后，通过专用的查询系统开放给收件方。收件方可以通过网络直接查看货物的动向，并实时掌握物品的位置和到达时间。当收件方收到货物后，信息将反馈给物流平台，根据收件方做出的评价优化今后的配送方案。

通过这种方式，车联网物流平台可以统一调控整个物流的存储和发送，并且发挥第三方物流公司在运输方面的经验，大大提高物流行业的效率，这符合车联网模式下的产业要求。同时，基于车联网的物流配送模式还有以下几个优势：

◇　对于收件方和发货商，可以同时实时掌握运输货物的位置。收件方可以通过车联网物流平台的查询系统，实时查询到自己的货物，在运输过程中能实时了解特殊商品运送情况，还可以准确知道货物到达的时间。

◇　对于车联网物流平台，能够实时掌握第三方物流公司车辆或货物的分布状况，进而有效地调配运输车辆，提高物流效率。

◇ 对于运输车主来说，可以掌握货物状况和道路信息，在温、湿度不达标或者货物内部出现问题时，车主可以第一时间进行调节和排查，保证货物安全。物流平台可以根据道路情况及时更新行驶路线，从而实现快捷运输、降低运输成本的目的。

4.3　专车中的车联网

随着社会的发展，人们对出行质量的要求越来越高。2013 年，滴滴和快的两家网络约车公司出现在人们的生活中，其背后的集团分别是腾讯和阿里两家电商巨头。伴随着两大巨头的挥金如土，两家网络约车公司开始了一场争夺市场和消费者的烧钱大战。两家公司分别拿出数十亿人民币，邀请全国人民通过网络叫车的形式免费乘坐出租车。随着滴滴和快的两家公司合并，Uber 进入中国市场，专车(私家车)服务慢慢步入人们的生活，由于其舒适度高、价格便宜、服务周到的乘车体验，很快被广大民众所接受。回首网络约车的发展，车联网技术给人们的出行又带来了一次革命性的跨越，本节将专门介绍专车中车联网的定位技术，以及近期来专车的运营状况和当前政策。

4.3.1　定位服务

在呼叫专车服务中，最重要的环节就是用手机确定出发地点和目的地，然后点击呼叫专车，这就用到了手机定位服务。下面将主要介绍车联网中的定位服务，如图 4-10 所示。

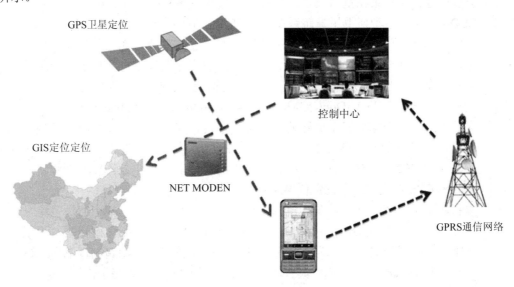

图 4-10　呼叫专车服务示意图

乘客下载约车软件后，进入叫车界面叫车时，其位置会通过 GPRS/3G/4G 等网络传送到控制中心，控制中心根据卫星定位到的乘客信息在地图上生成位置点坐标。确定乘客坐

标后，控制中心将在乘客附近寻找最近的司机端，并将乘客位置信息和电话发送到司机端的软件中，司机就可以根据乘客位置找到乘客。

在整个叫车过程中主要依靠的是定位服务技术。定位技术有两种：一种是基于卫星的定位；一种是基于移动运营网(GPRS/3G/4G 网路)的基站定位。基于卫星定位方式是利用手机上的卫星定位模块将自己的位置信号发送到定位后台来实现手机定位。基站定位则是利用基站对手机距离的测算来确定手机位置。后者不需要手机具有卫星定位能力，但是精度很大程度依赖于基站的分布及覆盖范围的大小，有时误差会超过几百米。专车司机往往是兼职，对城市交通路线并不十分熟悉，因此导航定位的准确就尤为重要，误差超过几十米就很难找到乘客。下面对这两种定位方法进行详细介绍。

1. 卫星定位

卫星定位是以卫星为基础的导航定位系统，具有天体导航覆盖全球的优点，因此一直备受人们的关注。目前正在使用或即将使用的卫星定位系统有 GPS、GLONASS、北斗定位系统以及伽利略卫星导航定位系统。

◇ GPS 是全球定位系统简称，在前面章节已经多次提及，它是目前技术上最成熟、使用最广泛的一种卫星导航定位系统，由美国国防部于 1994 年布设完成，包括 24 颗定位卫星，分布在 6 条近圆轨道上，每条 4 颗卫星，能够便捷地提供高精度的和连续的位置、速度、航向、姿态、时间等信息。民用 GPS 精度一般在 10 m 左右。对于精度要求高的场合可以使用差分 GPS，它利用 GPS 信号差分对比原理进行定位，但需要有固定基站配合，且造价高昂。GPS 的工作原理是不间断地向接收装置发送数据，设备接收到信息后开始解析信息中的数据。需要注意的是，GPS 只有同时接收到至少 4 颗卫星才能进行定位，如果在室内或者有遮挡的情况下 GPS 就失效了。

◇ GLONASS(格洛纳斯卫星导航系统)是前苏联研制的全球卫星定位导航系统，类似于 GPS 卫星定位系统，它可以为海、陆、空三军提供精密的导航定位服务，同时也在车联网、物体跟踪、地址勘探等方面发挥着重要作用。由于其信号接收技术比较复杂，技术支持也不够成熟，它的推广和使用受到了限制。

◇ 北斗卫星导航系统(BeiDou(COMPASS) Navigation Satellite System，BDS)是中国自主研制的全球第三个成熟的卫星定位系统，它可以全天候在全球范围内为用户提供更准确、精度更高的定位服务。2012 年年底正式为亚洲地区服务，计划 2020 年左右覆盖全球。在未来的几年里，北斗定位导航系统将逐渐取代 GPS 在我国的车辆定位导航中的地位。

◇ 伽利略卫星系统是欧盟各国真正的民用系统。太空轨道上包括 30 颗卫星，其中 3 颗备用，地面部分包括 2 个控制中心和 20 个伽利略敏感器站。卫星射频信号采用的调制方式为通信中的二进制相移键控(BPSK)调制技术和二进制偏移载波(BOC)调制技术，具有较好的抗多路径效应能力，易于信号跟踪。

2. 基站定位

基站定位也称为蜂窝定位，是一种无线电定位方式，现有的无线定位系统基本都是采用相同或相似的定位方法和技术。常用的蜂窝无线定位技术有：

◇　COO(蜂窝小区)定位技术，它确定用户位置的方法是采集移动台所处的小区识别号，即 Cell-ID。因此只要知道移动台所能覆盖的半径以及小区基站的位置，就可以大体计算出移动台所处的位置。这种方法比较简单，不需要对网络信号做太多调整，但由于它覆盖的半径不同，定位精度也有差别。

◇　GPS 辅助定位即 AGPS 技术，它由三个部分组成：位置服务器、具有 GPS 接收机的移动基站和无线通信链路。AGPS 技术的优势是提高了 GPS 接收器灵敏度，通过提供 GPS 接收器辅助信息来保证恶劣环境下的定位，缩短了首次定位时间，增加了定位精度。AGPS 需要移动电话提供位置信息给服务器，服务器计算并提供辅助信息给用户。因此需要手机具有粗略定位的功能。

除此之外，定位技术还有基于时间的 TOA 和 TDOA 算法、惯性导航法以及航位推算法等。

4.3.2　政府对专车的政策

对于专车的出现，许多专家认为不应该一概而论，将其都划入黑车的行列。专车、网络约车服务等新生事物的出现正是时代和科技发展的结果，也是"互联网+"和车联网发展大趋势下的产物。2015 年 10 月，上海颁发了首张专车营运资格证。同时，针对专车市场和出租车市场的混乱局面，交通部出台了《网络预约出租汽车经营服务管理暂行办法》，广泛听取群众的意见。

对符合规定条件的驾驶员，可以由驾驶员提出申请，经考核合格，由所在地区的市级道路运输管理机构为预约出租汽车发放了类似《道路运输人员从业资格证》的运营证。

专家认为，专车新政试运行办法的出台，征求意见稿在专车和共享经济问题上迈出了一大步，对于推动"互联网+"、新业态发展方面具有积极意义。但《暂行办法》还有一些条款是需要讨论的，比如，需要将车辆的性质改为营运车辆。但根据滴滴和 Uber 的统计，目前有 70% 的车主都是兼职在做专车司机，每天接单数为 0～4 单，如果将车辆性质改为营运，那么对车辆的报废年限就有了要求，相信这一点就会阻挡大部分想进入专车行业的司机，从而阻碍了专车行业的发展。

尽管专车服务仍饱受争议，却没有阻挡专车发展的脚步。近期，快车、拼车、顺风车等一系列新的专车服务丰富了专车市场。因此，在车联网的大趋势下，网络约车和专车服务将会被越来越多的人接受。专家认为，交通部门最应该做的不是制止专车服务的发展，而是通过法律手段规范专车市场。同时，深化对出租车行业的改革，使传统的出租车行业也能在车联网时代得到发展。

4.4　城市建设中的车联网

1. 重庆基于 RFID 的城市智能交通管理试点项目

重庆市目前正在建设全球最大规模的车辆"电子牌"信息系统，即国家发展改革委员会批准的"重庆基于 RFID 的城市智能交通管理试点项目"(简称"重庆交通信息卡"项目）。该项目获得了《重庆市道路交通安全条例》的支持，成功应用到"重庆交通信息卡"系统中，引入具有远程动态识别功能的射频识别技术，最终实现由电子化行驶证、驾照和牌照构成的"重庆交通信息卡"体系。该项目以机动车动态标识信息为基本单元，发展面向包括交通控制、公共安全、大众出行服务、高速公路收费站快速通行、物流，以及单位、住宅小区和停车场出入管理等在内的城市公共信息物联网络服务系统。

"重庆交通信息卡"项目包含多个环节：交通管理部门、政府部门、高速公路、停车场、单位、住宅小区等，形成了"一个平台支持多部门、多行业、多领域共享应用"的市场运作及应用推广新机制。这是真正意义上第一例具备"车联网"特征的项目。"重庆交通信息卡"项目的创新点包括：

- ◇ 首次在一个省级辖区内使用 RFID 技术，大规模发行、普及和应用电子车牌，为发展面向智能交通的 RFID 产业找到了切入点。
- ◇ 技术先进、可靠实用。该项目采用的 RFID 技术满足高速度、高精度、长距离识别及承载信息安全保护的要求。
- ◇ 形成了创新的项目建设投资模式，即由政府和企业共同投入，政府采购服务，不增加广大车主负担。该项目以管理效益、增殖信息服务效益来保障其可持续性发展。

"重庆交通信息卡"系统主要功能包括：

- ◇ 强化车辆注册及牌照管理：加强对车辆的监察力度，实现车辆年检的智能化管理，加强对非法车辆的打击力度。
- ◇ 车辆精细化管理：利用 RFID 对车辆进行精细化管理，对车辆进行动态监测、车牌防伪、肇事车辆识别、交通流分析与诱导疏通等。
- ◇ 挖掘城市道路潜力，提高交通组织效率：利用 RFID 技术自动识别和动态信息采集的功能，对城市路网进行动态监测，及时掌握道路通行状况。特别是交通拥堵瓶颈路段的车流状态，有针对性地实施城市交通流宏观诱导和路口实时自适应控制。

2. G-BOS 智慧运营系统

G-BOS 智慧运营系统是苏州金龙创新探索"车联网"应用技术并首倡研发的。该系统以智能化、电子化和信息化的手段，辅助客车运营商进行运营管理，实现运营收益最大化。G-BOS 智慧运营系统不是一个简单的客车附加配置，而是系统、全面的运营管理解决方案。其英文名称 G-BOS，G 代表着 3G(GPS、GIS、GPRS)，是多种信息技术在客车上的集成应用，BOS 是客车运营系统 BUS OPERATION SYSTEM 的英文简称。

G-BOS 智慧运营系统有如下优点：

- ◇ 对驾驶员：G-BOS 终端融合了行车记录仪、倒车监视器、故障报警显示台、视频播放器、短消息接收器等功能，实时将车辆故障信息提供给驾驶员。
- ◇ 对数据处理中心：结合国内外先进管理思想，通过对海量数据实时分析、整理，可把驾驶员不良驾驶行为、油耗数据、车辆运行情况、维修保养计划等内容以直观的报告、图表等形式展现出来。
- ◇ 对客户与集团调度中心：可使用独立账号在任何地方从互联网访问 G-BOS

智慧运营系统，及时了解车辆运行情况，实时跟踪车辆运行轨迹，查看车辆是否需要维修保养，从而制定相应的策略，更可随时向前段运营车辆发送各类指令，进行实时的调度管控。

截至 2016 年初，国内共计约 6 万辆客车安装和使用了 G-BOS，并且运行良好、增效明显。

4.5　共同繁荣的车联网

车辆运行监控系统长期以来都是交通发展的重点领域。在国际上，美国的 IVHS(智能车路系统)、日本的 VICS(道路交通情报通信系统)等系统通过车辆和道路建立了有效的信息通信，已经实现了智能交通的管理和信息服务。而 Wi-Fi、RFID 等无线技术也在交通运输智能化管理领域中得到了应用，如在智能公交定位管理、智能停车场管理、车辆类型及流量信息采集、路桥电子不停车收费及车辆速度计算分析等方面都取得了成效。

当今车联网系统的发展主要是在传感器技术、无线传输技术、海量数据处理技术、数据整合技术等相辅相成的配合下实现的。车联网系统的未来，将会面临系统功能集成化、数据海量化、高传输速率化等问题。

4.5.1　重卡行业的车联网

如 4.4 小节中提到的，苏州金龙已经与杭州鸿泉数字设备有限公司合作，在车辆出厂前安装车载终端设备，采集车辆运行状况数据。

当用户数量大幅增加时，数据传输、过滤、存储及显示将备受考验。如图 4-11 所示为 G-BOS 终端显示器，其包括 GIS 地理、车辆身份、行车记录、视频娱乐等信息。

图 4-11　G-BOS 终端显示器

自 G-BOS 系统在客车行业得到成功运用后，鸿泉数字设备又将客车行业的管理经验复制到工程机械车辆、卡车等货运车辆行业。2011 年 12 月，杭州鸿泉数字设备有限公司与陕汽联合研发了天行健车联网服务系统，成为重卡行业率先使用车联网技术的公司，具有开创性意义。

国家交通部道路运输司副司长徐亚华明确指出："天行健车联网服务系统"是陕汽紧跟车联网技术发展，以及国家关于建设道路交管平台要求的创新性产品，它将会对重卡行

业服务和公路交通安全的提升起到促进作用。督促相关部门给予"天行健"大力的支持，并鼓励陕汽不断对"天行健"产品进行完善，保证产品可以持续满足重卡用户和公路交通安全监管需求。

4.5.2　校园中的车联网

2002 年，同济大学"985"工程教育部重点实验室——宽带无线通信与多媒体研究室开始专注研究车联网专用短距离无线通信、宽带无线通信理论、视频图像处理及其在汽车和智能交通中的应用。主要的车联网科研课题包括：科技部主题 863 项目"车联网应用技术研究""车路协同系统设计信息交互和集成验证研究""基于移动中继技术的车辆通信网络的研究"等。目前已取得了如下成就：

- ◇ 已经完成和正在进行的项目有：科技部国家重点基础研究发展规划 973 项目子课题 1 项、国家 863 项目 6 项、科技部国际合作重点项目 2 项、国际合作项目 10 项、工信部国家科技重大项目 5 项、上海市重大科技攻关项目 2 项等；
- ◇ 先后获省部级科技进步奖共 11 项，申请或获得国家发明专利 32 项；
- ◇ 制订中国国家标准和上海市地方标准各 1 项，提交标准化提案 10 项。

长安汽车与清华大学合作推动"智能交通与主动安全"项目，赠予清华大学 10 辆长安悦翔汽车，用于汽车安全技术研究，长安汽车将"产学研"相结合的理念带入实际生产中，树立了行业新典范。2009 年，长安汽车对国内外智能交通和主动安全技术的发展现状、产业化前景等进行调研和论证，制定了重点发展基于智能交通的汽车主动完全技术的战略规划，并于 2010 年与清华大学共同研发了具有车道偏离报警、自适应巡航、前撞预警功能的车辆，该车基于机器视觉的车道偏离和前方障碍物预警系统。在 2013 年的上海国际车展上，长安汽车展示了这项主动安全技术。

未来车联网将主要通过无线通信技术、GPS 技术及传感技术的相互配合来实现。无线通信技术和传感技术之间会是一种互补的关系：当汽车处在转角等传感器的盲区时，无线通信技术就会发挥作用；而当无线通信的信号丢失时，传感器又可以派上用场。

4.5.3　车联网向无人驾驶迈进

2012 年 11 月，由军事交通学院研制的无人驾驶智能汽车完成了京津高速公路的测试，这是我国无人驾驶汽车的雏形。不过，清华大学信息科学技术学院博导姚丹亚教授认为：自动驾驶系统只能对程序中预设的情况进行判断和操作，一旦实际路况超出程序预设范围就无计可施，可靠性远远难以满足城市道路安全要求，因此无人驾驶汽车要实现商业化运行至少还要 20 年。

4.5.4　三大营运商深入车联网行业

作为众多无线通信技术应用的代表，车联网时代的到来必将推动更多无线技术的应用和普及。无线和有线运营商们已经做好了在这个移动通信需求正在增长，而且增长非常迅速的时代开创新领域的准备。

2011 年，中国电信集团有关部门、全国车机重点厂商、华为终端公司齐聚 CDMA "车联网论坛"，见证了华为 MC509 车载模块的发布。华为此次率先发布车载模块，象征华为正式向车载领域迈进，具有极为重要的意义。2013 年 2 月，华为在西班牙巴塞罗那举行的移动世界大会上，展出了前装车载移动热点 DA6810 和汽车在线诊断系统 DA3100，以及符合汽车标准的 3G、4G 通信模块，丰富的车联网解决方案，为汽车提供了移动互联服务，为车主带去了全新的驾驶体验，也为汽车行业带去了新的商机。

为车载系统提供移动网络服务需要考虑高速移动和震动的影响，DA6810 很好地解决了这方面的问题，能够稳定、灵敏地为车辆提供网络服务。DA3100 是汽车在线诊断系统，它的最大优点是实时在线诊断，可以用于车辆保险、企业车辆的管理等，它可以获取车辆移动时的系统信息，将这些数据信息通过 3G 实时发送到远端通信服务提供商的信息平台上。如用于保险公司，保险公司服务人员就可以根据驾驶人的驾驶习惯定制保险方案；用于企业车辆管理，车辆管理人员可以实时获取车辆位置和了解车辆使用情况，以实现高效的调度和管理；对于车主而言，可以通过手机 APP 随时对车辆进行控制，了解车况。

在"中国电动汽车百人会论坛"上，中国联通副总经理表示：通信在汽车产业的发展中扮演着重要角色。安全、新能源、通信网络将是全球汽车行业的三大趋势，中国联通将打造专业化队伍、成立专门的公司，为智能汽车产业提供端到端的服务，这标志着中国联通也逐渐涉足车联网领域。

车联网行业已经在我国得到了蓬勃发展，它是一个非常庞大的体系，涉及各行各业的发展，同时也将改变各行各业的未来。

小　结

通过本章的学习，读者应当了解：

✧ 安吉星是美国通用汽车公司早在 1996 年开始在汽车中安装的车载系统，它是车载系统的鼻祖，是最早出现的车联网形式。

✧ 国内物流业配送有自营配送、合作配送、第三方物流、第四方物流和物流一体化五种模式。

✧ 车联网物流配送模式除车联网平台外还需要物业中心、运输公司、仓储中心、需求方、供应商等各方协作组建。

✧ 车联网运输可从货物信息、车辆分布情况和实时掌握路况信息等方面为供应方、物流平台、配送车主等提供了便捷服务。

✧ 定位技术有两种：一是基于卫星定位，一是基于移动运营网的基站定位。

✧ 随着时代的发展，科技力量的提升，车联网的应用已经渗入各行各业，呈现出共同繁荣的景象，为推动社会的发展做出了重要贡献。

练　习

1. 简述安吉星系统的功能。
2. 物流配送模式包括＿＿＿＿＿、＿＿＿＿＿、＿＿＿＿＿。
3. 简述车联网配送模式和特点。
4. 简述车联网中运用的定位方式。

第 5 章　车联网下的商业模式

本章目标

- 了解大数据带来的新景象
- 理解大数据推广的挑战
- 掌握 ODB 概念、功能
- 了解大数据和 OBD 带来的盈利模式
- 了解 OBD 的发展及应用前景
- 了解车联网环境下的各类新型商业模式

本书前四章从车联网起源、车联网相关技术、车载导航设备以及车联网应用等方面介绍了车联网的相关内容。本章将从大数据、OBD(On-Board Diagnostic，车载诊断系统)的应用等方面介绍车联网环境下的全新商业模式。

5.1 大数据的应用

第 2 章从技术层面介绍了大数据的采集、处理、存储、结果分析及结果展示等。大数据是车联网中不可或缺的关键性技术，同时大数据的广泛应用也为车联网带来了新的商机。

5.1.1 大数据下的商业模式

商业模式是指企业从事商业活动的具体方法和途径。商业模式决定了企业的生存和盈利渠道。

大数据正在重塑全球信息产业发展新格局，并且对传统行业产生了颠覆性的创新效应。如图 5-1 所示，大数据下的商业领域，既有医疗卫生、食品安全、公共安全等传统行业，又有数据租售、租赁数据空间、数据驱动等新生商业模式。

图 5-1　大数据下的商业领域

截至目前，世界汽车保有量已经突破了 11 亿，每一辆汽车从汽车的转速、油耗到各大系统的运行状况都将产生大量数据。据统计，在传感器的监测下，一辆普通的汽车每小时将产生 5～250 G 的数据，这种情况在高级车辆中更为庞大。Google 的无人汽车每秒钟就可以产生 1 G 的数据量。每天有数以亿计的汽车在公路上行驶，它们在行驶过程中所产生的数据量将是难以想象的。如果每辆车能产生一点点有参考价值的数据，那么，数以亿计的汽车所产生的有用价值，就会造就一个全新的模式。

本章将抛开技术层面，从汽车行业及其相关行业看大数据和 ODB 带来的新模式和景象。

1. 企业经营决策指导

用户数据配合成熟的运营分析技术，可以有效改善企业利用数据资源的能力，使企业的决策更为准确，从而提高整体运营效率。如某店卖牛奶，通过数据分析得知，顾客在本店买了牛奶以后常常会再去另一店买包子，那么牛奶店就可以考虑与包子店合作，或是直接在店里出售包子。在车联网行业，若汽车销售厂商得知驾驶员的消费需求，他们便可提供配件，供顾客购车时选择；或者与相应的汽车配件商合作，推荐顾客购买合作商的配件。这样不仅可以快速、高效地为客户服务，还可为自己带来经济效益。

2. 个性化精准推荐

"垃圾短信"是人们最为厌烦的。但"垃圾短信"之所以称为"垃圾"，是因为短信内容并不是客户所需要的。若正好碰到对短信内容有需求的人，便可以带来商机。这样的话，可对用户的购买行为进行数据分析、归类，给特定的人群发送他们需要的信息，就成了有价值的信息了。比如在日本，用户在手机上下载麦当劳优惠券，去就餐时用某运营商的手机钱包支付；运营商和麦当劳搜集相关消费信息，例如经常买什么汉堡，去哪个店消费，消费频次多少，就可以精准推送优惠券给所需要的用户。再如，目前智能车载系统十分普及，车载系统可以收集驾驶员的驾驶习惯，推送车载设备，或者根据驾驶员日常需求推送符合驾驶员生活习惯的消费品等。这些都可以通过大数据的分析来实现。

3．快速检测，减少成本

有效地利用大数据能够帮助汽车厂商更快、更经济地发现并处理整个汽车系统中的问题。例如，一辆装有智能车载系统的车主在使用"天气预报"这一应用时，发现显示的是昨天的天气情况，而接连几天都存在误报情况，车主查找不出原因，不得不去经销商处解决，诊断结果是娱乐系统失灵导致发动机出现故障。在没有大数据支撑的情况下，汽车厂商很可能要召回这批汽车，而汽车厂商不可避免地会遭受经济和声誉的损失。

而在大数据的时代，汽车厂商只需要在当前运行着的车辆中查看是个别车辆还是所有车辆都有此现象，是某个区域的车辆还是所有区域的。若这种情况只是个别现象，那就得从驾驶员自身找故障原因了，有可能是驾驶员在切换两个应用程序时发生冲突而造成的，进而避免了因召回这批车所造成的损失。

4．增值推广服务

车主在用车过程中，有些功能使用频繁，而有些功能则很少用到。通过大数据的收集，汽车厂商既可以更好地为用户介绍他们的功能，也可以不断地改进功能。对大数据进一步细分，可以让汽车厂商针对不同的用户进行不同的设计。这类数据收集和分析方法已经在亚马逊等购物网站中得到应用，他们定期向消费者发送推荐的产品，这些产品都是根据消费者近期查看较为频繁的商品中挑选出来的。这也为汽车厂商提供了一条销售思路。

5．精准保险

汽车厂商还可以与外部机构共享数据，从而增加收入。对于保险公司而言，对车辆保险风险的评估，目前只能靠汽车的出险率、车主的信用状况，如果可以收集到驾驶员的驾驶数据，如速度、驾驶时间、刹车平顺度等，保险公司就可以制定更科学的保险计划。美国和欧洲已经开始了这类数据的收集，如美国 Progressive 公司的 Snapshot 以及英国的 Insurethebox。汽车厂商也可以直接向保险公司提供这类数据，从而创造一项对消费者有吸引力的服务，同时也是一个收入分成的商机。

综上所述，各行各业都进入了一个以客户为中心、大数据分析为动力的新算法时代。社会媒体、移动设备和数以亿计的网络传感器的暴增导致了各行各业的数据以一个前所未有的速度在增长。大数据涉及各个行业，因此来自各行业的市场动力也必将促进汽车行业的改变。

5.1.2 车联网中大数据应用的挑战

通用汽车无疑是汽车行业中使用车联网的领先者，其拥有汽车行业最大数据资源库的安吉星系统。通用公司曾宣布，会利用安吉星数据库来更好地了解消费者。但是对安吉星

大数据的利用，目前还停留在告诉驾驶员当发动机故障灯亮起的时候，发生了什么事情。虽然对驾驶员来说非常有用，但明显还是小数据的范畴，而不是大数据。大数据是可以通过对成千上万的发动机运行状况数据的收集，推测出当发动机故障灯亮起，是否需要提前处理等。事实证明，目前人们所谈论的大数据与实际运用仍有较大差异。

大数据可以改变时代，但迄今为止大数据在车联网方面的作为仍鲜有人知。任何新生事物都伴随着机遇和挑战，大数据时代也不例外，同样面临这些问题。

1. 数据采集

对于数据的采集，目前还是车主到 4S 店保养车辆的时候，技术人员通过 OBD 访问数据获取的。因此，连续主动地分析某一车辆的数据将是一个挑战。面对这一挑战，除非联网车辆成为主流，否则，大数据的收集仍将停滞不前。但随着车联网进程的不断推进，高智能汽车也逐步大众化，无线软件和硬件的配置也趋于完善，数据的实时收集也将不再是纸上谈兵。

2. 数据存储

有很多专门用于数据存储的仓库和分析公司(如 IBM)，对于需要使用这些数据的顾客收取费用。汽车厂商也可以自己存储和分析数据，但其相关技术资源匮乏且成本较高，因此对汽车厂商来说，存储和传输大数据将是一个新的挑战。

3. 隐私与安全

大量数据的集中存储不可避免地加大了用户隐私泄露的风险，竞争者或者黑客只要有一次成功的攻击，就可以获得很多的数据。车辆数据信息也面临着被泄露或攻击的风险。华盛顿大学和加州大学的研究人员曾做过一项实验，寻找计算机系统漏洞，利用电脑远程侵入了轮胎压力传感器单元，并将假的数据发送给汽车中控系统，结果，汽车"认为"有一个轮胎是瘪的。试想，一个黑客利用手机让一辆以每小时 80 英里飞奔的汽车突然锁死，那么后果将不堪设想。

由此可见，未来车联网服务的竞争将愈演愈烈，但前景也是一片大好。大数据引入的必然性与必要性已不言而喻。但大数据要想在车联网中达到普及，还需一个漫长的过程。

5.2　OBD 潮流

随着智能车载系统的不断发展，车载传感器也越来越丰富，OBD 便是将传感器信息储存其中的设备。

5.2.1　OBD 概念、功能及技术

1. OBD 概念及发展

OBD 可实时监测多个部件和系统：发动机、催化转化器、颗粒捕集器、氧传感器、排放控制系统、燃油系统和尾气后处理系统的工作状态等。当系统出现故障时，故障灯亮起，同时 OBD 系统会将故障信息存入存储器，通过标准的诊断仪器和诊断接口以故障码的形式读取相关信息。根据故障码的提示，维修人员能迅速准确地确定故障的性质和部

位。OBD 接口如图 5-2 所示。

图 5-2　OBD 接口实物图

OBD 接口在车辆日常使用时很少用到，但是通过 OBD 接口能读出非常丰富的车辆数据。因此，基于 OBD 的车联网产品应运而生，这些设备可以插在 OBD 接口上充电，也可以通过其内置的移动网络模块向云端发送数据。用户可以通过手机 APP 访问数据库，查看车辆健康状况。与此同时，OBD 设备的服务商也可以获取该数据，并从中挖掘出潜在的大数据商业价值。

OBD-Ⅰ是通用汽车公司研发的，一开始就引起了加州空气资源委员会(CARB)的重视。美国环保局(EPA)要求自 1991 年起所有在美国销售的新车必须满足相关 OBD 技术要求。OBD-Ⅰ只能监控部分部件的工作和一些排放相关的电路故障，其诊断功能较为有限。此外，获取 OBD 信息的数据通信协议以及连接外部设备接口的标准仍然未统一，因此出现了 OBD-Ⅱ。

OBD-Ⅰ没有自检功能，更为先进的 OBD-Ⅱ便产生了。与 OBD-Ⅰ相比，OBD-Ⅱ在诊断功能和标准化方面都有较大的提升。美国汽车工程师协会(SAE)对故障指示灯、诊断连接口、外部设备和行车电脑(ECU)之间的通信协议，以及故障码都通过相应标准进行了规范。此外，OBD-Ⅱ可以提供更多可被外部设备读取的数据，这些数据包括故障码、一些重要信号和参数的实时数据等。

OBD-Ⅱ虽然可以诊断出相关故障，但是无法及时修复车辆故障。为此，以无线传输故障信息为主要特征的新一代 OBD 系统——OBD-Ⅲ便出现了。OBD-Ⅲ系统集检测、维护和管理于一体。OBD-Ⅲ系统可进入变速箱、ABS 等系统 ECU 中读取故障码和其他相关数据，利用小型车载无线收发系统，通过无线蜂窝、卫星通信或者 GPS 系统将车辆的故障码以及所在位置等信息自动通告管理部门，管理部门根据该车故障问题的等级对其发出指令，包括维修建议等。OBD-Ⅲ系统不仅需要相关技术、标准和法规等外部条件的不断成熟，对自身诊断功能的准确性和可靠性也有一个更高的要求。目前 OBD-Ⅲ仍然处于发展阶段，也有很多有趣的设想。

2. OBD 功能

OBD 主要关注两方面：车况和保险。插入 OBD 接口的设备，能够轻松地读取出车辆数据，通过这些数据就可以分析出车辆的油耗、故障等车况，进而得出驾驶员的开车习惯，制定新型保险方案。

OBD 的兴起还为传统的车联网应用提供了新的思路，传统车联网的娱乐、路况、位置、导航等功能都可以通过手机来实现，而 OBD 的发展，使得车成为车联网的中心和主体，大大增加了车联网中车与车主的关联性。

3. OBD 技术组成

OBD 是一个典型的车联网模型，主要由 OBD 终端、后台系统、手机 APP 等模块组

成,可以实现数据的采集、分析和结果展示。

对于数据的采集目前最常见的是 OBD、GPS、GSM 的组合。其中 OBD 是主要采集单元,采集时必须接入 OBD 接口,通过汽车总线获取和解析车辆数据;GPS 可以获取车辆位置信息,然后通过 GSM 模块将数据发送到后台系统,此时这套 OBD 设备是独立的,当没有 GSM 模块时,需要用手机传送数据,因此,OBD 需要能够通过蓝牙连接手机,再通过手机中的 APP 集合数据,最后通过 GPRS/3G/4G 发送到后台。

后台系统的主要功能是:接收设备上报的原始数据;从这些数据中计算出车况、驾驶习惯等;推送分析结果到手机 APP。其中数据分析是最主要的功能,用到的计算方式就是云计算。同时,云计算和大数据也能够推进 OBD 系统的发展和落地。

4. OBD 技术特性

OBD 产品的技术要求主要有:稳定性、及时性和智能性。

- ◇ 稳定性主要体现在车载设备的工作能力上,要求 OBD 系统不会引起车辆故障,不会消耗太多电池电量,在各种颠簸、温度等复杂环境下能够正常采集数据。
- ◇ 及时性主要指在没有延时的情况下为驾驶员提供服务,如在超速或急转弯时,及时提醒,避免出现事故;熄火后能够及时将本次行车的分析结果提供给驾驶员等。
- ◇ 智能性主要体现在结果分析上。首先,对不同的用户来说,分析数据都应该是可读的、准确的,如提供给用户的故障码应该是易懂的而非一堆专业的词语;其次,根据总体收集到的信息,为驾驶员所出的故障提供解决的方案。

5.2.2 OBD 商业模式

世界千变万化,互联网发展促生物联网,物联网又衍生出车联网。车联网有着巨大的商业潜力,尤其是基于 OBD 的车联网产品。我国是全球最大汽车销售市场,也是全球最大移动互联网使用市场,二者的融合使得车联网市场更加广阔。

OBD 车联网产品,最先是由车联网企业跟随移动互联网大潮发展出来的。市场上有不同的 OBD 车联网产品,它们功能大都相同,但商业模式却差异很大。根据运营者来划分,有移动互联网模式、4S 店模式、保险模式、政府支持模式等。根据盈利模式来划分,有设备模式、服务费模式、转化模式以及广告营销增值模式等。

1. 移动互联网模式

各个行业相继进入了联网时代,汽车行业也是一样。随着移动互联网的发展,车联网企业不断壮大,已经形成了由智能设备、移动互联网和手机 APP 组成的商业模式。OBD 设备作为硬件数据源,可以实时读取车辆的各项数据,比如行驶里程数、油耗、各种故障等,为车联网模式奠定了物理基础。数据也可以通过移动互联网传输到手机 APP 中,对驾驶员来说可用手机管理车辆;对商家来说可以得到大数据,这将是巨大的商机。

2. 4S 店经销模式

4S 店经销模式分为高低两个层面:低层次——4S 店卖 OBD 车载设备,同时通过这个设备发布自己的产品和服务信息；高层次——大的 4S 集团将 OBD 作为整个运营体系的核心，贯穿各类汽车品牌和售前、售后的各个环节，OBD 作为售后环节的重要组成部分可以分析出驾驶者对汽车性能的潜在要求，为客户换车时做好销售准备。

3．保险商业模式

保险商业模式是 2012 年开始的一种新型模式。保险模式的出发点是使得保险的价值最大化，而驾驶行为模型的建立是汽车保险的重点。OBD 是转化驾驶行为模型的最好来源。为了大批量地、快速地获取客户资源，保险公司可能对车载设备采取免费推广的方式，并结合广告营销增值模式。

4．政府支持模式

政府强制汽车厂商为每辆出厂汽车安装 OBD 系统，实时监测汽车尾气排放量。企业可再用车主购买 OBD 系统及其设备的钱去建设通信网络、服务器和软件平台。根据其盈利模式，OBD 可以划分为卖设备、卖服务、卖数据等三种模式。

◇ 卖设备：把 OBD 设备卖给车联网的运营商。OBD 设备必须包含 OBD 模块、通信模块(多是蓝牙的或 GSM)、定位模块(可以选择 GSM 基站定位或者 GPS)，还有些厂家的设备包含 G-Sensor(重力传感器)。

◇ 卖服务：一般是由车联网运营商为车主提供各种用车、管车服务，比如车队管理，4S 店使用 OBD 设备来加强与客户的信息联接。服务通常按年收费，服务费可能包含或者不包含设备价格。目前，面向个人车主的服务模式不给力。

◇ 卖数据：这种方式非常互联网化，指通过对车联网数据的分析，从而提供某种个性化的服务，这种服务不限于汽车使用，更侧重汽车活动。

无论卖什么，OBD 车联网商业模式一定是数据开放和合作共荣。只有数据开放，才能形成良好的生态链及其多样性。即便不同设备厂家提供的这些数据可以是异构的，但应该是同义的，即具备同样的含义和价值，这样今后才便于形成真正的车联网。

5.2.3　OBD 应用前景

未来汽车的发展必然将以电子化为主导，汽车将成为最大的电子品。但是，在目前阶段，汽车的电子化发展方向主要是围绕智能化和车联网。

传统汽车智能化是以汽车厂商为主导的。而车联网则比较复杂，能连接汽车的方式目前只有总线方式和 OBD 方式(在总线上开放的标准梯形口，可插入设备接收数据)。车机方式有车厂主导的前装和汽车设备商主导的后装。而 OBD 方式则是新兴的 IT 技术及其理念在汽车服务方面的应用。在电子化的方向上，可以说，OBD 模式是最符合趋势的。

移动互联网是开放的(大数据在技术上是开源的，云计算在应用上是共享的)，互联网的开放催生了这个世界的新形态。OBD 是汽车上唯一开放的点，相对于 CAN 总线，它的能力虽有欠缺，但它使得开放理念充分得到发展。

商业模式也应该是开放的。一个 OBD 运营平台，它应该具备开放性，满足多方的需求，生成一个生态链。运营平台之间既竞争，也合作。那时，汽车上的这个开放接口，将

会是另一番景象。

5.2.4　汽车新商业模式特点

无论 OBD 的商业模式怎样创新，移动互联网为汽车领域带来的新商机都具有以下特点：

◇　随身性和实时性。反过来说，汽车消费在没有移动互联之前，汽车厂商很难形成与用户的实时沟通交流，这恰恰是移动互联网最大的优势。

◇　双向互惠功能。可以有效地整理行业服务商的服务产品性价比，这既能提升用户的满意度，又能帮助诚信的商家提升服务质量。

◇　公众发布功能。让每个用户都变成媒体，从而对行业服务形成监督，这将把行业引向理性化和市场化，让大部分对车不了解的开车族，有更多专业化的消费选择。

◇　丰富的增值服务。能增加服务商的盈利手段，提升服务种类和总体利润率。

5.3　新型商业模式

车联网产业需要探索、实践，创新一个新的商业模式。车联网商业模式由众多要素组成，包括价值体系、市场机会、盈利模式、营销渠道、客户关系、价值配置、核心能力等。通过车联网商业模式的探讨，可以明确价值主张、确定市场分割、定义价值链结构、各级成本机构和利润潜力、阐明竞争战略等。

5.3.1　车载 APP 市场

随着智能车载系统的发展，车载 APP 逐渐成为一种潮流，越来越受到人们的关注。如图 5-3 所示为车载中控系统中安装的各类 APP。车载 APP 刚刚踏入车联网的纷繁市场，汽车制造商们开始考虑如何能在不影响驾驶的情况下通过 APP 把消费信息推广给驾驶员，并借此来盈利。

图 5-3　车载 APP

1. 发展方向

在慕尼黑举行的 "Content&Apps for Automotive Europe 2013" 会议上，Ixonos 的营销

传播副总裁 Aumo Antii 就车载 APP 的普及方法认为，照搬智能手机 APP 的研发和推广模式是行不通的，正确的做法应该是选取对车主来说真正有用的 APP 和相关服务，比如驾车路线、多媒体功能和备忘提醒等简单的任务管理。

Antii 在大会上明确表示："驾驶员在行车过程中，没有精力(也不可能)在各种 APP 之间进行切换，因此更合理的 APP 是将各种功能进行整合，让用户在同一个界面下实现不同的需求。"Antii 的这个问题得到了其他与会者的积极响应。APP 只是载体，核心是 APP 提供的服务，将服务整合才是最终目标。

2. 盈利模式

除 APP 服务功能整合外，如今，车载 APP 业务主要面临两个难题：一是研发和推广费用高，二是用户群小。结果就是，制造商只能从小规模的用户群中收取一点费用，无法收回 APP 的开发成本。因此，现在很难把 APP 作为盈利业务。所以，谁来为 APP 的服务买单，就成了最关注的问题。目前有两种方案可供解决：

◇ 建立全球服务交付平台。研发各式各样的车载 APP，将用户群最大化。这种方案能够带来大量的用户，但可能至少要耗费 10 年才能研发出兼容所有车型的 APP，也才有盈利的可能。

◇ 聚焦在那些专门提供驾车服务的 APP 上。手机提供各种 APP 是为了满足娱乐需求，而汽车的核心作用还是驾驶，所以车企最该重视的是能够辅佐驾驶的 APP。

虽然车载 APP 的研发费用不菲，盈利与否尚不确定，但为促进销量，吸引消费者，车企仍致力于各种车载 APP 的研发。虽然市场调研公司 Canalys 提供的数据显示，2015 年第一季度，四家顶级 AppStore 的全球销售额上涨了 11%，总计达到了 22 亿美元，在汽车行业，大多数的车企有望在不久的将来实现 APP 业务的收支平衡甚至盈利，但因研发费用和收益的不确定性，业内外大多数人对盈利并没有抱太大希望。

目前，车载 APP 主要有两种收费形式：一次性收费和服务订购。

◇ 一次性收费是现在最为普遍的收费方式。考虑到市场需求和其他因素，多数 APP 价位定在几十至几百欧元不等，价位不算低。这是因为想要达到大规模销售 APP 很难，只能从高价位的角度上做文章。

◇ 服务订购是 APP 收费的又一方式，尤其是针对提供实时路况、油价和停车信息的驾车服务 APP。

除此之外，支持广告的 APP 模式也是一种获利渠道，但目前这一模式还没有引起人们的强烈兴趣，做得比较好的只有少数的电台和音乐类 APP，因为消费者对在此类节目中植入广告的容忍度相对较高。但其他类型的 APP 则不同，广告会分散用户的注意力，不利于 APP 的使用和推广。

5.3.2 电商 O2O 跨界模式

近几年来，随着汽车市场的互联网化越来越深入，汽车后市场 O2O(Online to Offline) 呈现出一片"红海"厮杀大战。究其原因，是资本市场对汽车 O2O 行业前景的看好和青睐，投资额一路水涨船高。2012 年，据交通运输部发布的《交通运输业智能交通发展战略(2012—2020 年)》预测，2020 年，我国汽车保有量将超过 2 亿辆。报告还显示，在 2005—2012 这八年间，我国汽车保有量的增长率均在 10%～20%之间浮动，复合增长率为 15.80%。因此，资本市场早已准备好瓜分汽车互联网市场这块大蛋糕。

1．网络约车平台跨界

2014 年 12 月 12 日，滴滴打车副总裁朱平豆接受《21 世纪经济报道》记者采访时表示：投资人看好的是滴滴打车巨大的想象空间，即"O2O+车联网"。比如投资人对 Uber 的追捧，最近，Uber 传出新的融资消息，估计金额超过 400 亿美元，几乎是去年融资到的 35 亿美元的 12 倍。由此可以看出，"O2O+车联网"模式有着巨大的市场空间。

图 5-4　O2O 叫车平台

如图 5-4 所示，O2O 平台叫车软件如雨后春笋般进入中国市场，在打车软件的乘客量方面，与竞争对手 Uber、易到用车、神舟用车相比，滴滴打车都占有着很大的优势。为了"圈客"，滴滴打车、易到用车、快的打车，包括刚刚杀入中国的 Uber，都对消费者与出租车司机、专车车主提供了各种补贴，这一市场尚处于烧钱阶段。

朱平豆认为，未来互联网的希望在于四个方面：智能硬件、O2O、消费类电商和车联网。每一个领域都会产生为数众多的创业公司。车联网与 O2O 是相辅相成的，"O2O+车联网"这种跨界合作模式有着巨大的市场前景。

VECAR(面向车主的跨界终端综合车联网信息服务管理系统)是目前我国最大的电商跨界合作项目，它将车联网与汽车电商熔炉合并。V 是车音网，E 是一键集团，C 是车易安，A 是高德，R 是雷腾，再加上后来的丹维软件，以往这些公司是无法联在一起的，但在互联网的大时代下，汽车后市场领域的这一顺势而为也就颇具前瞻者的姿态了。

2．VECAR 跨界项目

VECAR 项目最大的特点是整合了车联网电商化领域的搭界企业，以新模式带动新的结构继而推动 O2O 活动。VECAR 的目的是为了解决中国车主为车联网付费的问题，是一种商务模式的创新。

上海车音网络科技有限公司专注语音领域，他们有两大主要服务：一是汽车语音门户，专门回答用户问题；二是空中专家热线，电话转接到专家，进行实时咨询。车音网希望基于传统的呼叫中心等方面，打造全方位的交互平台，并最终构建全智能化的用户交互平台。

上海一键集团主打"移动互联网解决之道"，在 2012 年将保险概念引入车联网。

车易安是 VECAR 项目的核心企业，承担着后市场交易服务的功能，扮演着 O2O 链条上整合性最完整的关键一环。车易安的商业模式是 O2O+C2B2B(Customer to Business to Business)，主要在前端为车主做了一个专属的养车频道，在后端做了汽车服务商的综合解决方案，最终希望构建汽车后市场良性的产业生态圈。

作为 VECAR 项目的基础服务者，高德地图所提供的高精度地理位置信息成为必不可少的数据支撑。这些位置的精准度又对 O2O 执行提供了比较好的支持。

　　VECAR 模式的特点并不是融合各个公司的业务，而是深挖各自所擅长的领域。各家公司也会根据实际需求，不断优化各自平台，在擅长的领域做到精益求精，完成车联网和电商的融合。这也将是"O2O+车联网"的趋势。

　　如图 5-5 所示，这种电商跨界实践，未来将以车联网为中心慢慢涉及越来越多的线上、线下行业，也将为中国车联网行业的发展开拓出更广阔的市场空间。

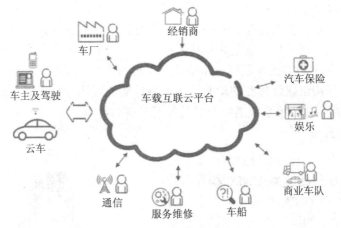

图 5-5　车联网 O2O 模式

5.3.3　车载软/硬件的选择

　　车联网已经步入人们的生活，带来了极大的便利，车联网的终端设备引起了人们的高度关注。硬件平台选手机还是车机？软件选什么操作系统，又基于怎样的平台？这都是当下需要解决的问题。

　　如图 5-6 所示，利用 USB 连接线将手机屏幕内容显示在车机上，可以直接在车机上控制手机应用。

图 5-6　手机与车机互联

　　目前，大多数的车联网应用是以手机为平台，主要原因有两个：

　　◇ 做车联网应用的基本来自 IT 行业，他们不了解也不想了解车机和车联网之间的关系，觉得有个落地的终端就可以了。

◇ 人人都有手机，且性能高出车机很多，发展也比较快。

但车联网依赖手机也有诸多不便之处：一方面，手机和汽车的关联度比较差。目前，基本上通过连接线或蓝牙关联，这两种连接各有弊端，有线连接显得过于笨拙，蓝牙连接速度慢且不稳定，致使手机和车辆不能顺畅地交换信息。手机无法匹配 CAN 总线、OBD 接口，无法交换信息。另一方面，手机是跟人走的而不是跟车走的，人带着手机离开车以后，车联网也就不存在了。

随着车联网的发展，车机也在不断地完善，目前搭载 3G 网络，车机智能化操作系统大部分性能已经达到中档手机上智能化操作系统的水平，能够承载车联网的应用需求。从2014 年开始，已有越来越多的车联网应用落地在车机而不是手机上。

硬件平台的选择决定软件行业的动向。而产品性能的好坏有赖于操作系统的选择。车机平台中的操作系统与 PC 机系统类似但又具备其自身的特点。

1. Linux 操作系统

如图 5-7 所示为 Linux 系统 LOGO。Linux 是一套免费使用和自由传播的类 UNIX 操作系统，是一个基于 POSIX 和 UNIX 的多用户、多任务、支持多线程和多 CPU 的操作系统。它能运行主要的 UNIX 工具软件、应用程序和网络协议，支持32 位和 64 位硬件。Linux 继承了 UNIX 以网络为核心的设计思想，是一个性能稳定的多用户网络操作系统。Linux 可以说是生命力最强的操作系统，一直与 Windows 系统进行抗争。BOSCH、DELPHI 等都采用 Linux 的操作系统，为他们的前装客户提供智能车载终端产品。

图 5-7　Linux 系统 LOGO

但是，Linux 系统也有其自身的缺点：首先，开发难度很大，资源支持不足；其次，它的维护和平台化是一般小公司难以承受的；最后，每家公司使用 Linux 系统开发出来的产品是互不兼容的。

2. WinCE 操作系统

如图 5-8 所示为 WinCE 车载系统界面。WinCE系统之所以被人们所熟知，是因为其依托于微软的维护，它的应用曾是最大、最多的。但自从微软停止其维护后，WinCE 系统就不再受到人们的重视了。虽然现在仍有许多厂商在使用 WinCE 系统，但它仍避免不了退出历史舞台的命运，就像非智能手机一样，虽然仍然有商家在出售，但被淘汰的趋势已经不可挽回，只是时间问题。

图 5-8　WinCE 车载系统界面

3. iOS 操作系统

如图 5-9 所示为 iOS 系统 LOGO。苹果操作系统以其在手机和平板电脑中的优越性能，迅速火遍全球，让无数消费者所知晓。但除了苹果公司，没有厂家能够生产 iOS 系统的设备。因此，苹果涉足汽车移动终端行业的前景还是未知数。

图 5-9　iOS 系统 LOGO

4．Android 操作系统

如图 5-10 所示为 Android 系统 LOGO。安卓操作系统已经占据手机、平板电脑市场多年，其性能开发较为完善，因此很早就进入车机市场。

车机处理器主要经历了以下几次改革：

(1) 早期 ARM11 平台(2009—2012)。

早期 ARM11 平台主要有：上汽荣威 350 使用的 Marvell 的 PXA310 芯片，以及韩国 Telechip8XXX、Samsung 6410 等。目前，这一平台已基本退出了市场。

(2) 初期 ARM Cortex A8。

图 5-10　Android 系统 LOGO

初期 ARM Cortex A8 平台的典型产品有飞思卡尔 i.MX515/6、Samsung 210 等，目前还有少量产品继续使用这一平台。

(3) 后期的 ARM cortexA8。

飞思卡尔公司继"51"后，迅速推出了 51 改进过渡型芯片 i.MX535/6。飞思卡尔公司的 5 系(包含 515/6 和 535/6)芯片，虽在平板市场上一败涂地，但是在车载市场上，由于其前身摩托罗拉半导体在汽车电子上的崇高威望，得到业界，尤其是汽车前装厂的青睐。

从最早的 ARM11 逐步完善到 Cortex A8、A9，这些平台为车机市场的繁荣奠定了基础。想要保证车联网的稳步发展，硬件平台和软件平台的研发使用不容忽视，是新型企业的争夺之地。

5.3.4　车联网新机遇——4G 网络

第 2 章简单介绍了 4G 通信技术的概况，本节将介绍 4G 为车联网行业带来的发展与变革。

随着智能手机的普及以及移动互联网的兴起，汽车厂商意识到封闭、界面单一、功能同质化的传统车载系统，早已不能满足车主越来越个性化的需求。车联网服务内容逐渐从救援和安防向社交、音乐、新闻、预订服务、实况交通等演进。

得益于通信技术的发展，4G 网络使得 50～100 Mb/s 的上下行速率、高效的图像和数据传输成为现实。目前，汽车厂商正致力于缩小同高速换代的消费品电子产品之间的差距。从最初的 Onstar、Gbook，到现在几乎所有车厂都推出了各自的车载系统，依托 4G 时代的高速通信，车联网已经成为售车环节一个重要营销手段，也是车厂高附加值利润所在。

车联网的两大功能具有巨大的市场潜力：一是围绕汽车本身的各种信息服务；二是围绕娱乐、安全驾驶和咨询服务。4G 恰恰对这两个功能影响巨大。如图 5-11 所示，4G 时代的到来使得每一辆车成为一个移动的、高速的热点，随时可将车况上传服务器，获取客户中心的帮助或者与其他车辆相连。

图 5-11　4G 车时代

在 2G、3G 时代，通用旗下车辆现有的行车记录仪只能将车辆位置信息和音频信息传输给呼叫中心，但在 4G 时代，直接发送视频影像成了可能，这将更有利于事故责任判断。另外，通过移动设备与车载 4G 模块相连，可以直接查看车载系统中的摄像头，实时掌握车辆周围环境变化。

可以说，这些功能的实现都依赖于 4G 传输速度。假如 3G 能为人们提供一个高速传输的无线通信环境，那么 4G 通信将是一种超高速无线网络，一种不需要电缆的超级高速信息公路。4G 带来的最大数据传输速率达到 100 Mb/s，这个速率是 3G 的 10 倍、2G 的 50 倍。目前 4G 的标准主要有 FDD-LTE-Advance 和 TD-LTE-Advance 两种。其中 TD-LTE 标准为中国主导，而 FDD-LTE 则在世界范围内使用比较广泛。

4G 网络使车载服务的方式发生翻天覆地的改变，乘客可以在后座的车载屏幕上直接观看 NBA 直播或其他娱乐节目；可以实现在 3G 时代因为网路限制无法进行的流畅视频电话；对于导航，不再只是沿着设定的路线行驶，比如上汽集团的 iVoke 语音云驾驶系统的 "捷径显示功能"，它会根据实时路况随时为用户改变驾驶路径以避免拥堵和交通事故路；在纳智捷的高端商务车中，4G 视频会议改变了公司高层的开会模式。

随着 4G 时代的到来，车辆变身为移动的 "Wi-Fi 热点"，运营商数据流量资费的快速下调，让这个市场充满商机。近两年来，智能辅助驾驶技术日趋成熟，使得车联网的普及在未来五年内成为可能。

4G 网络给用户带来巨大便利的同时，也产生了许多问题。

(1) 在资费问题上：4G 时代到来之后，用户对数据流量的消费日益增多，随之而来的资费也会不断增加。这些费用应该是车厂负责还是用户负责？如何区分个人流量和车厂流量？

(2) 在双用户管理上：是采用双卡还是单卡双通道模式？另外，如何实现个人手机与车载系统的消费捆绑。

或许这些问题在 3G 时代还处在萌芽状态，但 4G 来临之后，便立刻凸显出来。

与此同时，4G 移动宽带的普及，使得车联网安全问题日益凸显，例如服务提供者引发的安全问题；车载终端与后台的通信机制的安全问题；车联网业务运营产生的信息和个人信息安全问题；信息的传输通道、安全机制的制定等。这些安全问题将在下一章继续谈及，这里就不再详述。

有分析指出，车联网技术从 3G 进入 4G 时代，表面上看只是数据传输速度的增加，但其背后所带来的改变意义深远，就好比智能手机及移动 4G 时代的到来对传统行业的冲击一样。车联网 4G 时代的到来，无论是对车企的产品、服务，还是对消费者的日常用车习惯等，都将在未来产生巨大的变革。

如图 5-12 所示，任何新生事物都有其两面性，任何事物的发展都不可能一帆风顺，但新事物的产生都必然有其存在的价值，在机遇与挑战并存的车联网大环境中，只有勇于开拓，敢于创新的精神，才能开创车联网新时代。

图 5-12　机遇与挑战并存

小　结

通过本章的学习，读者应当了解：

◇ 通过分析车联网大数据可以得出车辆运行状态、推广车辆增值服务、实时精确保险等。

◇ 大数面临着采集、存储的困难，也面临隐私安全的问题。

◇ OBD 是车辆诊断系统，可以准确地读出车辆丰富的信息数据。

◇ OBD 车联网产品根据运营者来划分，有移动互联网模式、4S 店模式、保险模式等；根据盈利模式来划分，有设备模式、服务费模式、转化模式以及广告营销增值模式等。

◇ 车联网商业模式由价值体系、市场机会、盈利模式、营销渠道、客户关系、价值配置、核心能力等众多因素组成。

练　习

1. 商业模式是指企业从事商业活动的具体_____和_____。商业模式决定了企

业的生存和盈利渠道。

    2．大数据应用于车联网将面临哪些挑战？

    3．什么是 OBD？

    4．OBD 的应用带来了哪些新的商业模式？

    5．车联网行业目前有哪些新型的商业模式？

第6章 自动驾驶

本章目标

- 了解自动驾驶的基本概念
- 了解自动驾驶的发展历史
- 了解自动驾驶对经济的推动作用
- 了解各大汽车厂商在自动驾驶方面的贡献
- 了解谷歌自动驾驶汽车产品
- 了解中国自动驾驶技术的优势与劣势

6.1 自动驾驶概述

自动驾驶不同于无人驾驶，其主要依靠人工智能、视觉计算、雷达、监控装置和全球定位系统协同合作，让车载电脑可以在人为介入的条件下，自动安全地操作车辆。虽然自动驾驶技术仍处于研发阶段，且尚未得到社会的公开认可，但我们完全可以对车联网行业的未来寄予厚望。自动驾驶技术的日趋成熟，将会给人们带来更安全、方便、可靠的生活。

6.1.1 自动驾驶的发展历史

当谷歌不遗余力地宣传自家的"无人驾驶车(简称无人车)"时，一个不容忽视的事实是：早在 IT 巨头发力之前，传统的汽车商们早已预料到无人驾驶才是汽车业的未来。1939 年，通用就展示了世界上第一款无人驾驶概念车。时至今日，尽管真正实现无人车的量产仍遥遥无期，但在无人车的研发历程中，人们已经获益良多。而自动驾驶是实现无人驾驶的大前提。

1. 自动驾驶的起源

最早的"无人车概念"由美国工业设计师 Norman Bel Geddes 提出。他在 1939 年的世界博览会上，为通用汽车设计了一个名为 Futurama(未来世界)的展览馆。在馆内有轨道路上行驶的小汽车均安装了循环电路，被无线电控制，可以自主驾驶。

20 世纪 80 年代早期，奔驰公司研发出世界上第一款通过路测的无人车。这款车由 Ernst Dickmanns 的研发团队打造，在封闭无人的道路上跑出了 63 公里/小时的速度。受此鼓舞，欧盟委员会拨款 8 亿欧元，在 1987—1995 年开展了一项名为"普罗米修斯"的无人车研发项目。20 世纪 80 年代中期，由美国国防部支持的 ALV(Autonomous Land Vehicle，陆地汽车)项目研发出了世界上第一辆采用激光雷达导航的无人车。这款车的速度达到了 31 公里/小时。1987 年，HRL 实验室制作完成了第一款越野地图，并且为 ALV 装配了基于传感器的自主导航系统。在这套系统的支持下，ALV 在非常复杂的地形下行驶了大约 610 米，速度保持在 31 公里/小时。

2. 自动驾驶的发展

1991 年，美国国会授权交通运输部在 1997 年之前研发出一套可用于自动化汽车行使的高速公路系统。这项计划的第一步是先打造一套适用于无人车的智能系统，第二步是让无人车可以开上高速公路。当时参与这项计划的有美国联邦公路局和通用汽车公司等。可惜在 20 世纪 90 年代末期，这项计划被迫终止，因为美国交通运输部的 9000 万美金预算花完了。1994 年，由奔驰设计师 Ernst Dickmanns 打造的"双胞胎"车型 VaMP 和 Vita-2 在巴黎的三车道高速路上进行了路测，在复杂的路况下车速达到了 130 公里/小时。不过这两款车只能算是"半自动"，虽然可以自动并道和超车，但是在某些路况下仍然需要人为干预。同年，捷豹汽车也推出了一款半自动驾驶的汽车。1995 年，经过引擎改装的奔驰 S 级无人车从德国慕尼黑出发，抵达丹麦首都哥本哈根，再折返起点。利用电脑成像扫描，这台无人车在德国高速路上的最高速度达到了 175 公里/小时，完全实现了无人驾驶，并且在复杂的路况下完成了超车。同年，卡耐基梅隆大学在一项名为"自动穿越美国"的计划中，路测了一辆无人车。该无人车行程为 5000 公里，有 98.2%的时间实现了无人驾驶。这台车利用类神经网络控制车轮的动作，但在加速或刹车时仍然需要人工干预，只能算是半自动的。1996 年，帕尔马大学的 Alberto Broggi 启动了 ARGO 工程，这项工程的目标是打造一辆可以在毫无改造的高速路上行驶的无人车。在意大利北部进行的路测中，这辆车有 94%的时间实现了无人驾驶，总行程为 1900 公里，平均速度为 90 公里/小时，其中有 55 公里实现了连续无人驾驶。这辆车只安装了两个黑白成像的廉价摄像头，用立体视觉成像来感知路况。1997 年 8 月 7～10 日，在加州圣地亚哥举行了名为 Demo'97(The NAHSC 1997 Technical Feasibility Demonstration)的无人车集中演示，吸引了数以千计的观众，媒体也广泛报道此事。在这次演示中，有 20 多款自动驾驶汽车(包括小轿车、卡车、公共汽车等)登场亮相，丰田、本田等主流车商都参与了这次演示。这次演示的目的是分享和交流无人车技术，最终实现无人车商业化。

在无人车的发展历程中，美国政府启动了三项军事计划，包括 Demo 1、Demo 2 和 Demo 3，其中 Demo 2 和 Demo 3 都由美国陆军统筹。Demo 3 始于 2001 年，目标是研制出能够在艰难的越野路段上行驶的无人车，它能够自动躲避巨石和树木等障碍物。Demo 3 的研发成果不仅运用于无人车，也带来了大批民用车辆技术的提升。

3. 自动驾驶的日趋成熟

自 2008 年 12 月开始，加拿大力拓矿业集团开始测试日本小松公司研发的一套自动矿车系统，这是世界上第一套进入商业领域的无人矿车系统。力拓集团表示，该系统在西澳大利亚和皮尔巴拉矿区的实际应用中，取得了环保、安全、高效的效果。2010 年，四辆无人车历时 100 天，行程 15 900 公里，从意大利帕尔马开到了中国上海，这是无人车历史上第一次国际旅行。2011 年 11 月开始，力拓加大了对无人矿车研发的投入，将在更多地区使用无人矿车。

世界上主流的车商，包括宝马、梅赛德斯奔驰、奥迪、大众、通用、日产、福特、丰田、沃尔沃、凯迪拉克，都在测试自家的无人车系统。宝马大约从 2005 年开始测试；2010 年，奥迪推出了 TTS 无人驾驶概念车；大众正在研发测试"部分自主驾驶"(TAP)系统，当车辆由手动驾驶切换至自动驾驶时，速度可以达到 130 公里/小时；福特一直致力于研发无人驾驶和人机交互智能系统；2011 年，通用推出了一款基于"电动车联网"实现无人驾驶的概念车 EN-V；2013 年 1 月，丰田推出了一款部分自主驾驶的概念车，车内装备了大量的传感器和信息系统。2005 年前后，谷歌开始介入无人车项目，该项目的领军人物为斯坦福大学人工智能实验室的主任——塞巴斯蒂安·特龙。无人车项目并非由谷歌独立开发，几个技术强大的重要伙伴也参与其中，包括 DARPA(Defense Advanced Research Projects Agency，美国国防部高级研究计划局)。从航天飞机发动机喷口材料，到千万亿次超级计算机，DARPA 的业务覆盖范围极广，而在无人驾驶汽车计划中，他们主要负责谷歌不太熟悉的硬件工程整合，而谷歌则主要负责软件部分。目前，谷歌无人车已经进行了超过 50 万公里的路测，与其他厂商相比，谷歌无人车已经实现了 100%无人驾驶。另外，作为软件研发巨头，谷歌设计无人车的核心思想是一套通用的硬件和软件辅助系统，能够嫁接到各种车型之中，这也让谷歌无人车的未来前景更为广阔。

尽管直到现在，包括谷歌无人车在内，完全自主驾驶的无人车还没能与公众见面，但是在整个无人车的研发过程中，我们已经享有了很多的实用科技：自适应巡航控制系统、车道保持系统(纠正车辆行驶轨迹，降低风险系数)、泊车辅助系统等。

6.1.2 自动驾驶的经济效应

麦肯锡 2014 年发布了一项报告，如图 6-1 所示，研究了 12 项正在取得飞速发展、对社会经济具有广泛影响的颠覆技术。那些影响面较小，在 2025 年之前不大可能实用的技术，或者是即将成熟但不够实现大众化的技术(如私人太空飞行)则不在研究范围之内。

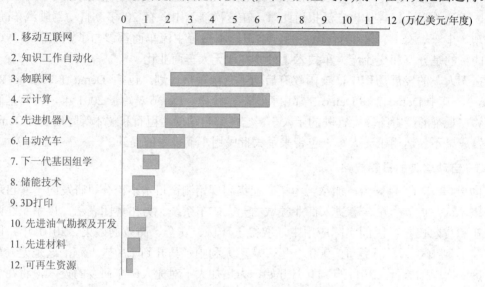

图 6-1 麦肯锡 2014 年发布的研究报告

值得一提的是，已经进入量产阶段的混合动力技术和电动车技术没有上榜，相反被认为更加遥远或不切实际的无人驾驶和半自动驾驶却榜上有名。由此可知，自动驾驶技术的未来相对乐观。

1．自动驾驶核心技术

近年来，几乎所有的商用飞机都在使用自动驾驶仪来控制飞行。全球贸易的绝大部分货物是通过油轮和货船来运输的，它们的自动化程度非常高，只需要少量的船员就能控制这些大型的船舶。这一切将发生在汽车行业。只要法规允许，全自动驾驶汽车这一革命性的交通方式将完全有可能在 2025 年之前实现。

自动驾驶汽车的加速装置、刹车装置和驾驶装置由电脑控制，即使汽车间的间隔距离很短，汽车也能高速行驶。当一队汽车中的一辆车进行刹车或加速操作时，车队中其他汽车也将在同一时间进行同样的操作。这将带来不少可预见的好处：人们无须拓宽道路就能让更多的车辆行驶。汽车的加速和刹车操作也将得以优化，汽车的油耗和二氧化碳排量也会随之降低。除此之外，自动驾驶汽车的好处还有：降低交通事故的发生率，提高行车安全，减少人员伤亡和财产损失，缓解交通拥堵，减少专用车道方面的基础建设的投资。当汽车处于自动行驶状态时，汽车驾驶员可以利用这段时间去工作、娱乐或者进行社交活动。

在过去的 20 年里，人们在先进的机器视觉系统、人工智能和感应器技术方面不断取得进步，制造出自动驾驶汽车已经不是遥不可及的事情，越来越多的试验性自动驾驶汽车的成功已足以证明。而让自动驾驶汽车迟迟无法进入市场的重要原因是必要的政策还没有出台，以及普通大众对自动驾驶汽车的信心不足。例如，当自动驾驶汽车发生事故时，应由谁来承担责任；如何设置电脑的程序，让其在生死攸关的时刻做出正确决定(比如如何权衡在避免撞到行人时又保证车内乘客的安全)。实际上，在当前出产的汽车中，已经有很多自动驾驶技术得到了应用，自动泊车技术就是其中之一。尽管自动驾驶汽车技术对经济能够产生很大的影响，但这一过程仍需要很长时间。

实现汽车自动驾驶的关键技术有：

(1) 机器视觉技术是实现自动驾驶汽车的关键技术。利用摄像头和其他感应器，电脑可以对道路和汽车周围环境进行实时监控，获取影像并提取相关信息(如停车标志和道路上的物体等)，并以此为依据控制车辆的行驶。现在，人们开发出了更先进 3D 摄像技术，能提供更多关于各种物体距离的信息。

(2) 模式识别软件(Pattern Recognition Software)能识别图标、数字和物体的外部轮廓，光学字符识别程序就是其中之一。

(3) 激光雷达系统(Laser Image Detection And Ranging，LIDAR)已经和先进的全球定位技术、空间数据结合到了一起。与普通雷达使用无线电信号不同，激光雷达系统利用激光进行探测和测量，可以更精确的定位。当这些技术和相应的感应器数据相结合，自动驾驶汽车就能确定它所在的位置，从而沿着公路自行导航至目的地。福特汽车目前正在进行该项目的相关测试，比如关闭车灯照明，只在激光雷达导航下行驶。

车载电脑可以将机器视觉、感应器数据和空间数据相结合，以此控制汽车的行驶。但是车载电脑做出的决定必须符合交通法规(如限速和路标牌的指示)，又能应对意外情况(如在绿灯亮起而十字路口仍有行人过马路时，汽车仍然不能行驶)。同时，车载电脑里的控制工程软件还要实现"驱动汽车"的功能，该软件能对驱动系统发出工作指令，包括加速、刹车或者转弯等。

具备了上述功能的自动驾驶汽车能自动行驶到某个特定的目的地，在途中能够安全地与其他汽车共同行驶，绕开障碍物和行人。车载电脑能平稳地控制汽车的加速装置和刹车装置，将车速控制在限速范围内，并且总是朝着正确的方向行驶，从而提高燃油效率。谷歌公司已经通过改装一辆丰田普锐斯向人们展示了这些自动驾驶汽车的功能。这辆改装的普锐斯行驶了 30 万英里，只发生了一起事故，并且该事故还是人为因素导致的。部分自动驾驶汽车技术已经出现在新出产的汽车上，例如驾驶辅助技术、自适应巡航技术等。在未来十年，自动驾驶功能将会成为影响购车的重要因素。自动驾驶技术会首先应用在高端车型，然后普及到中端车型。

实际上，自动驾驶技术还会导致新型汽车的出现。无人驾驶客车就是其中之一，这种客车无需一个驾驶员来控制汽车方向盘，增加了客车的有效载客空间，甚至可以为旅客提供床铺。而车辆共享的理念也可以得到更广泛的应用，汽车可以在任何需要的时间行驶到任何地点停放，甚至公共交通车辆也能为人们提供更加灵活和更加个性化的服务。

2．自动驾驶技术成果

自动驾驶汽车技术正在以飞快的速度发展。2004 年，美国国防先进研究项目局悬赏 100 万美元，奖励给无人驾驶汽车能够完成其在莫哈韦沙漠设立的"DARPA Grand Challenge"比赛的设计者。当时虽然没有一支参赛队伍跑完全程，但仅一年后，就有 5 辆车成功地跑完了全程。在 2007 年，DARPA 为该比赛设计了一个与城市环境相似度很高的比赛，赛道综合了街头路标、障碍物和交通管制设备，这次比赛有 6 支参赛队跑完全程。

现在，谷歌公司的自动驾驶汽车已经行驶在美国加州和内华达州的城市街道和公路上(但还是在驾驶员位置配备了一个司机，以保证自动驾驶系统发生问题时能及时处理)。目前自动驾驶系统价格高达数千美元，谷歌致力于在 3～5 年内里将其商业化。

尽管相关出台的法规仍未完善，但各大汽车生产厂商已经开始大胆地着手开发，并取得一些进展。通用、丰田、奔驰、奥迪、宝马和沃尔沃都在测试他们自己的自动驾驶系统。奥迪公司正在测试名为"Piloted"的自动驾驶汽车，该车能在交通拥挤的状态下很好地处理车辆启停，并且拥有自动泊车功能，该车的司机可以随时收回汽车的控制权，并能随时监控汽车的自动驾驶状态。凯迪拉克也开发了一款增强版的巡航控制系统。2014 版的梅赛德斯奔驰 S 级轿车虽然没有配备全自动驾驶系统，但也有一系列先进的自动驾驶功能，包括保持在车道内行驶、保持匀速行驶，以及与其他车辆保持距离等。此外，日本新能源和产业技术开发组织(NEDO)成功地测试了一套自动驾驶卡车系统。利用该系统，一名卡车司机可以同时控制四辆卡车的行驶状态，被测试卡车的车顶上装配了雷达系统，以每小时 50 英里的速度行驶，车辆之间的距离保持在 4 米。矿业巨头力拓公司也测试了一种自动驾驶车辆，在澳大利亚的矿场，力拓公司已在使用 150 辆部分功能自动化的卡车进行采矿作业，这些卡车按照事先设定好的路线自动装卸矿物，无需人工操作。

3．自动驾驶经济增长点

如果自动驾驶汽车得以推广，它能在 2025 年产生 2 千亿美元至 1.9 万亿美元的潜在经济影响。其所带来的最大益处有：驾驶员有更多的自由时间，道路的安全性得到提高，降低汽车的经营成本，减少死于车祸的人数，以及降低二氧化碳的年排放量等。2025 年以后，自动驾驶汽车每年能产生 1 千亿美元到 1.4 万亿美元的潜在经济影响。据估计，在 2017—2020 年出售的高档汽车中，75%～90%的汽车将配备自动驾驶设备，20%～30%的中档车也将具有自动驾驶功能。这预示着在 2025 年，在几十亿私家车的保有量中，10%～20%行驶在公路上的汽车在大部分交通条件下能够实现自动驾驶。如果价值每小时 2～8 美元的驾驶时间被节省下来，据估计，2025 年之后，每年将有价值 1 千亿至 1 万亿美元的人工驾驶时间被节省下来。

我们再来计算一下交通事故中减少的死亡人数。一旦自动驾驶汽车全面普及，据估计自动驾驶汽车能减少 5%～20%的交通事故。在 2025 年，自动驾驶汽车能让全球因交通事故而死亡的人数下降至少十几万人。同时，自动驾驶技术的应用还能节省 15%～20%的燃油；按照事先设定好的程序，自动驾驶汽车能很好地控制汽车，不会突然加速和改变速度，从而能省 10%～15%的燃油；每辆汽车里安装的感应器能实时地感知周围汽车的行驶状态，以保持最佳车距，这也就减少了空气阻力，提高了燃油使用效率。二氧化碳排放量每年可以减少 2000 万吨～1 亿吨。2025 年，大部分卡车将不配备司机，由自动驾驶卡车车队进行长途运输，那么这种运输模式将产生 1000～5000 亿美元的潜在经济影响。预计在 2017—2025 年出售的卡车中，有 10%～30%的卡车将具备部分自动驾驶的功能，而此类卡车完全可以进行公路运输。

在能否实现自动驾驶汽车价值方面，政府是关键性因素。只要政府能促进自动驾驶技术的发展并且最终决定让自动驾驶汽车进入市场，人们才能减少对自动驾驶汽车在技术性、安全性、可靠性和法律责任方面的疑虑，这样便可加速提升自动驾驶汽车潜在的经济影响。自动驾驶方面的立法也至关重要。如果政府设立的法律允许自动驾驶汽车在公共道路上行驶，这就等于建立了新型的交通方式；如果法规规定，在任何条件下，司机都必须用手来控制方向盘，那么自动驾驶技术带给消费者的自由时间就不存在了。如果政策制定者决议认为自动驾驶汽车是一项公益事业，并投资建设智能道路基础设施系统，那么自动驾驶汽车的行驶将变得更加安全。智能道路可以嵌入感应器，这些感应器能为自动驾驶汽车提供更精确的定位数据和限速数据。此外，感应器还能为自动驾驶汽车提供十字路口的情况，如告诉汽车能否安全地通过十字路口或者交通灯是红色还是绿色。智能道路的方式让自动驾驶汽车的行驶变得更安全。尽管自动驾驶汽车的技术取得了很大进步，但自动驾驶技术系统仍有待改进。自动驾驶汽车有能力大幅度地改变地面运输的面貌，为人们带来商业机会，并能解决很多社会问题。同时，自动驾驶汽车也将对有车族、相关汽车工业领域和联合运输物流系统产生影响，并能在汽车技术领域及信息技术领域发挥巨大的作用。

最先进入自动驾驶汽车领域的公司将在该领域占据支配地位，他们所创建的操作系统和程序界面将有可能影响法规的制定。毫无疑问，他们也将从自动驾驶汽车领域获得利益。随着自动驾驶汽车被大众所接受，新型的无人驾驶汽车也将出现。这就为新型汽车制造厂商和其他行业的公司进入自动驾驶汽车市场提供了机会。同时，私家车的保有量也很可能随之降低。自动驾驶轿车和卡车的成功也将改变保险行业——随着交通事故和保险索赔数量的降低，保险费的金额也将降低。而对于那些仍采用手动驾驶汽车的人来说，他们的保险评估将变得更复杂。最终，传统的个人车辆保险将转变为车辆产品责任保险。

政策制定者应当为自动驾驶汽车制定人性化的配套法规。显而易见，除非政府颁布恰当的法规，否则汽车生产厂商不会对其生产的自动驾驶汽车承担责任。此外，政策制定者还应当为实现自动驾驶汽车在经济效益和社会效益的最大化方面贡献一份力量，如为自动驾驶汽车制订长期的基础设施建设计划(建设嵌入感应器的专用车道)，平衡自动驾驶技术和安全性等。与电脑系统类似，一辆自动驾驶汽车的导航系统有可能遭到黑客攻击，从而导致灾难性后果。因此，为避免或预防此类情况的发生，汽车生产商必须在自动驾驶汽车上路之前建好一个完善的网络安全系统。

6.2 自动驾驶汽车百花齐放

尽管自动驾驶汽车能给社会带来很多好处，比如减少交通事故的伤亡人数，缓解城市拥堵，为老人、残疾人提供便利等，但是它的投入使用仍面临重重障碍。虽困难重重，汽车制造商仍没有放弃对自动驾驶技术的研发。

6.2.1 沃尔沃

在所有研发自动驾驶技术的汽车制造商和科技企业中，沃尔沃应该是最特别的一个。对于别的汽车厂商和科技企业来说，首要实现的目标是自动驾驶，再以此为出发点，去解决一系列问题，比如说交通安全。而对于沃尔沃来说，首要实现的目标是安全，经过调研发现人为因素在交通事故中起到关键作用。为了让汽车变得安全，沃尔沃制造商认为自动驾驶可以解决这一问题。可以说，近几年沃尔沃研发出的所有主动安全技术，都有自动驾驶的影子。

沃尔沃汽车集团总裁兼首席执行官汉肯·塞缪尔森曾说过：对于未来交通安全的思考一直存在于沃尔沃汽车的 DNA 之中，这也是其得以生存发展的重要原因。根据自动化程度的高低，沃尔沃划分了四个无人驾驶的阶段：驾驶辅助、部分自动化、高度自动化、完全自动化。

◇ 驾驶辅助：仅为驾驶者提供协助，如提供重要或有益的驾驶信息，在形势变得危急时刻发出明确而简洁的警告。

◇ 部分自动化：在驾驶员收到警告却未能及时采取相应行动时，能够自动进行干预，如"自动紧急制动"。

◇ 高度自动化：能够在或长或短的时间段内代替驾驶员承担操控车辆的职责，但是仍需驾驶员对驾驶活动进行监控。

◇ 完全自动化：无人驾驶车辆，且无需进行监控。

沃尔沃对自动驾驶技术在主动安全上的应用，可以分为两个部分：一是针对驾驶人员的系统，通过更为智能的驾驶状态，分担驾驶员的驾驶任务，目前已经从驾驶辅助系统的研发顺利进入了部分自动化阶段；二是针对路上其他物体的检测系统，这套系统可以通过检测其他车辆和物体防止发生碰撞，也可以检测出行人、骑行者乃至动物，保护其他道路使用者免遭碰撞。

1. ACC 自适应巡航系统

ACC 自适应巡航系统是部分自动化了的驾驶辅助系统之一。在 200 公里/小时的车速内，它会按照驾驶员设定的行车速度与距离来自动调整车速，当前车辆加速或减速时，雷达会对前车行驶状态予以检测并作出反应，从而使得车辆自动加速或减速，以保持与前车预先设定好的车距。如果当 ACC 自适应巡航系统未开启或没有起作用时，系统会通过检测车辆与前车距离为驾驶员提供警示。当前车突然减速，或车辆与前车距离过短时，系统会通过不同颜色的警示灯与报警声提醒驾驶者，若驾驶者没有进行操作，系统会立即介入，全力制动。

在这个基础之上，沃尔沃还研发了带辅助转向功能的巡航系统，这是在现有巡航控制系统和车道保持辅助技术上演进而成的，在自动跟车的同时还能够自动转向。虽然系统的最终功能还没有完全确定(比如在多高时速范围内才能进行转弯)，但总体来说，这项功能主要还是在严重堵塞的走走停停的交通情况下起作用的，而不会在畅通的高速路上接管汽车。所以新技术的增加让沃尔沃的这套巡航系统比当前普遍应用的巡航系统强大很多，尤其是在减少驾驶失误和降低驾驶员疲劳程度方面，它有了更长足的进步。

当然，这并不是自动驾驶。在遇到信号灯或者突发状态下，还需要驾驶人员来控制，踩下刹车/加速踏板，或者转动方向盘，车辆便会回到驾驶员的掌控中。除此之外，还有路监和边界监测系统，该系统能在感应到汽车偏离车道或遇到障碍时平缓地避开危险。自动调节车道辅助系统和进气格栅上的传感器，可以实时监控车辆行驶的路线，当车辆偏离行驶轨迹 50%，并且持续行驶不进行变更车道的话，它将自动对方向盘进行回转调节，这样做能够有效控制汽车行驶方向，对于在长途行驶中容易打瞌睡的驾驶员是一种福音。这些听起来很平常，但据统计，大约一半意外死亡的交通事故都与汽车因某些原因驶离道路有关。虽然在沃尔沃组织过的几次体验活动中，原型车已经能够允许体验者们完全解放双手，感受 100%的自动驾驶。但可惜的是，出于安全的考虑，当这些技术投入批量应用的时候，反而会做出限制，强制驾驶者的手必须放在方向盘上，它才肯起作用。做出这样限制的原因也很好理解，这些技术从出发点上并不会让汽车完全自治，它仅仅是在一个相对有限的情况下工作，所以驾驶者需要做好随时接管掌控的准备，这样可以使汽车行驶更加安全。沃尔沃的行人安全系统可以探测任何身高 80 厘米以上的行人，并在发生碰撞前自动进行全力刹车。在车速小于 35 公里/小时时，该系统可使汽车避免与行人相撞；在较高的车速下，则是尽可能在发生碰撞前减小车速，最大可能降低事故发生的伤亡程度。

2．V2X 主动安全技术

自适应巡航系统之后，沃尔沃并没有停下研发的步伐，在行人安全系统的基础上研发了一套城市安全(City Safety)系统。这套系统利用风窗上部的激光传感器探测周围车辆，在 4～30 公里/时的车速范围内，可对 6 米内即将发生碰撞的车辆做出反应。如果前方的车辆突然刹车，或者前面有一辆静止的车辆但驾驶者并未做出反应，城市安全系统便会启动自动刹车或进行减速，避免事故发生。

另外，与野生动物相关的交通事故一直是国际交通方面的一个大难题。加拿大每年发生 4 万起此类导致车辆损毁的事故。2012 年，瑞典发生了 49 000 起车辆与动物相碰撞的事故，其中 6000 起为车辆与驼鹿的碰撞事故。因此，沃尔沃还特意开发了一套动物探测系统，无论白天黑夜它均可探测到动物并进行自动刹车。

然后，沃尔沃把目标放到了骑行者身上。根据沃尔沃统计的数据显示，在欧洲，有50%的骑行者死于与汽车相撞的事故中。因此，对于骑行者的安全保护技术也被提上日程。但是，与行人和动物相比，骑行者的速度更快，而且同时有"人"与"物体"两种因素，要检测到骑行者，这对检测系统就有了更高的要求：必须具有更快的视觉数据处理功能，能够实现更快的识别和更精准的判断。在车辆行驶过程中，雷达扫描车辆行进的前方区域，定位与车辆行进方向相同的骑行者。如果发现骑行者为了避开障碍物或其他原因而突然绕到车辆行进车道上，并发现两者距离过近有可能发生碰撞时，就会发出警告并全力自动刹车。这套骑行者检测系统有三项设备各司其职：安装在进气格栅上的雷达用于识别探索范围内是否有物体并计算两者之间的距离；安装在车内后视镜前方的摄像机用于判断物体的类型，是行人、车辆、动物还是骑行者；最后还有一个中央控制单元持续不间断地监控并评估前方的交通情况。在这套系统中使用的是双模雷达，它检测范围很大，能够更早地监测到骑行者，同时高分辨率的摄像机也加快了系统对骑行者的识别。两相结合之下，系统的识别更为迅速，能够更早地发出警示并进行刹车。在夜间行驶时，系统的探测和自动刹车功能依然有效。这些功能依托的是沃尔沃新近研发的曝光控制技术，以及更加智能和敏感的摄像头。同样的，曝光控制技术也能检测到行驶在同一车道上的车辆，沃尔沃已经在 2013 年 5 月之后推出的 V40、S60、V60、XC60、V70、XC70 和 S80 车型上试装。

目前，沃尔沃所使用的主动安全技术，赋予了汽车"眼睛""大脑"，让它们能够看见路上的情况，做出判断并进行一定程度的自动操作，例如自动刹车和转向修正等。这是在现阶段能够实现部分自动化的方法，而想要实现更为先进的高度自动化，则需要教会汽车"学习"和"沟通"。这样，在"眼睛"看不到的时候，汽车通过"沟通"获取路况信息，做出自己的判断。为了赋予汽车这项沟通的能力，沃尔沃使用的是 V2X(Vehicle to X，车与外界信息交换)技术。

沃尔沃宣布与瑞典头盔与运动防护装备公司 POC 合作，他们的第一个合作项目就是汽车与自行车之间的通信系统，这套系统是对之前骑行者检测技术的补充。之前的骑行者检测技术，是车辆单方面的检测，而与 POC 的合作，则是在车辆与骑行者之间建立沟通渠道，让他们可以相互发现。这样，不仅车辆和驾驶员，骑行者本身也能够及时地做出反应。尽管沃尔沃并未公布从汽车到自行车通信系统的具体运作方式，不过鉴于 POC 的产品形式，可以预测到，未来这一技术的实现方式将可能不再需要摄像机，很可能是在 POC 生产的头盔或者其他防护设备中加入通信模块，从而实现与车辆的实时通信。当检测到相关信息时，车辆就能得知在周围有哪些骑行者，监控范围也不再局限于车辆前方，而是可以做到 360° 无死角监控。当然，这种模式也存在一定的弊端。除了长途旅行者，目前大多数骑自行车的人并不会购买安全防护设备，更不用说在骑车时佩戴。即便购买，也并不一定都会选择 POC 的设备。随着车联网技术发展日趋成熟，政府或许可以介入，强制要求所有的运动防护设备中必须加装能够与车辆进行信息交换的通信模块。车企联盟也可以强制要求所有出厂车辆都要使用这项技术。

2012 年底，沃尔沃参与了欧盟主导的一个名为"SARTRE"(环保型道路安全列队行车)的全自动车辆驾驶项目。在这个研究项目中，沃尔沃成功地实现了传统高速路上往来车辆的列队和有序驾驶。沃尔沃这套新型堵车辅助驾驶系统可以使汽车在车流行驶速度低于 50 公里/小时的情况下，自动跟随前方车辆行进，这一系统被称做"公路列车"。这有点类似火车，只不过它的车厢是由一辆一辆的小轿车组成的，只需要驾驶领队的头车就可以。"公路列车"于 2014 年应用于量产车型，它会有效地缓解驾驶员由于堵车带来的疲劳。沃尔沃汽车产品战略及车辆产品线管理高级副总裁莱克斯·科斯迈科斯表示：这项技术为车主多提供了一个选择，车主可以根据自身喜好在手动和自动之间操作。今后沃尔沃可能会转向根据车流量拥堵情况实现自动切换车道的研发上。

科斯迈科斯表示，搭载堵车辅助驾驶系统的"初级阶段"车型在未来一两年内即可商用，而高度自动化的汽车则"至少需要十年"。要想实现真正的自动驾驶，V2X 技术是必不可少的。科斯迈科斯提到，车间通信在自动驾驶车辆中非常重要，若后车在前车开始制动等操作之前就掌握了前车的意图，它就能够减少与前车之间的距离，进而缓解道路交通的拥堵。所以，V2X 技术是实现高度自动化和完全自动化的重要铺垫。

3. V2I 自主泊车技术

沃尔沃在 V2X 技术上的另外一个应用就是基于 V2I(Vehicle to Infrastructure，车与基础设施信息交换)的自主泊车技术。这套自主泊车系统有三项功能：远程控制、短途的自动驾驶和寻找空车位。远程控制通过智能手机实现；短途的自动驾驶则基于车载 GPS 地图、具有图像识别功能的摄像头和雷达传感器；寻找空车位则通过车辆与基础设施之间的通信来实现。这套自主泊车系统操作起来非常简单：车主在停车场的入口下车，通过安装在智能手机上的软件下达"泊车"命令，车载的 GPS 地图开始读取对应地图，开启自动导航，安装在停车场内的信号传送器会与车载传感器实时通信，将空车位的位置信息传递到车载传感器上，再通过车载地图确定行进路径；行进途中，摄像头和雷达传感器会读取道路信息并主动避让行人和其他车辆。在车辆停好之后，会向车主的手机发送短信告知停车位置。在需要取车的时候，车主可以通过手机 APP 向车辆下达"取回"命令，也可以自行前往取车。

沃尔沃在研发这套技术时，曾考虑过使用预埋在地下的导线来引导车辆进入空车位，但是对于已经建好的停车场来说，就不能使用这种方法了，而且这些设施的成本也较高。对于停车场的拥有者来说，如果配备这套系统的车辆没有达到一定数量，肯定不愿意投入这笔额外的成本；而对于消费者来说，如果停车场里都不具备这项功能，那自主泊车技术也就成了鸡肋，不会考虑购买。如果想推广 V2I 自主泊车技术，实现商业化应用，就必须减少对外界设备的依赖，因此沃尔沃用车载 GPS、摄像头和雷达传感器取而代之。相对地，用于传递车位位置信息的信号传送器安装便利，成本也较低。

V2I 自主泊车技术将配置在于 2016 年年底上市的新款 XC90 上，但是距离商业化应用还需要 5～10 年的发展时间。如果可以成功推广，基础设施的规划和设计方式也可能会发生改变，比如停车位的宽度可以减小，因为不需要预留车辆开门的空间。

4．Drive Me 自动驾驶汽车

最后必须要提到的，是沃尔沃正在瑞典哥德堡市进行的自动驾驶汽车项目——Drive Me。该项目在哥德堡市繁华路段外 50 公里的地方进行试点，2017 年测试车辆将扩充到 100 辆。沃尔沃研发自动驾驶车的最终目的，是让它自动处理所有交通路面状况。当司机失去对车辆的控制时，自动驾驶车可以通过对车流量的分析找到安全停靠点。细细剖析一下，其实 Drive Me 项目依托的是沃尔沃现有的自动驾驶技术和各项主动安全辅助系统。除了前面提到的自适应巡航系统、自动车道辅助系统、行人安全系统、自主泊车之外，还有盲区提醒、追尾预警和被追尾保护系统等。虽然 Drive Me 项目是对之前已有技术的集成，但也并非简单的"1+1+1"模式，沃尔沃需要对各个系统进行分析整合，除要考虑硬件设备是否共同之外，在有重复功能的技术上，也可以进行整合。例如追尾保护、行人检测及盲区提醒等，就可以整合为一个大的检测系统，对车辆周围的所有情况进行实时检测，并根据检测到的对象不同，做出不同的反应。

此外，Drive Me 项目是在实际的道路上进行路试，所以不可避免的问题就是，路上大部分的其他车辆是不具备自动驾驶乃至 V2V 技术的。因此，有关于车间通信，尤其是不同标准之间的车间通信技术，不管是沃尔沃的 Drive Me，又或者其他车辆的试验项目，都是无法进行全面的测试。故而，要想真正地走向全自动驾驶时代，汽车制造商之间的联合就在所难免。

无人驾驶的全面实现，必须建立在汽车行业乃至政府共同努力的基础上，它不仅依赖

于自动驾驶技术的不断进步，也依赖于大数据的分析与运用：通过收集数据，进行车流量的统计，再进一步对这些数据进行分析，将交通信息可视化，而这一切的实现需要物联网和移动互联网的进一步发展。

6.2.2 奥迪

一百多年来，奥迪一直走在汽车创新的最前沿，其在机械方面的成就和地位毋庸置疑，其在汽车电子方面的推广也是佼佼者。

在 2014 年的 CES 上，奥迪董事会主席瑞普特·施泰德曾说："我将汽车的历史分为四个时期：在第一个时代，人类创造了汽车，但同时看到了它的局限性；第二个时代本质上是一个关于如何'驯服'汽车并使它成为人的可靠工具的时代，汽车从一种新奇事物变成一个日常工具；第三个时代，汽车的安全性和效率得到提高；而现在，我们即将迎来的，会出现重大变化的新时代，就是汽车的第四个时代，我们不再仅仅是改善汽车，而是给它重新定义。"

奥迪公司一直致力于消除消费电子产品和汽车之间的鸿沟，使汽车变得越来越自动化，越来越成为日常用品，并能够解决人们一些问题。当然，这并不是奥迪靠一己之力能够完成的。因此，奥迪在美国与多所大学携手合作，在自动驾驶技术的基础之上，研发了城市智能辅助系统(Audi Urban Intelligent Assist，AUIA)。AUIA 综合了目前的汽车安全技术与联网技术，以作为人类驾驶到全自动驾驶之间的过渡。

AUIA 的研制工作开始于 2010 年，参与研制 AUIA 的美国大学包括南加利福尼亚大学、加州大学圣地亚哥分校和加州大学伯克利分校。AUIA 项目的最终目的是：在将"大数据"技术和常规技术相结合的基础上，保障驾驶员安全地行驶在市区道路上，减轻驾驶员的心理压力，并使其更好地体验到驾车的乐趣。在 AUIA 项目中，参与的各大学分别研发了不同的子系统：加州大学伯克利分校负责"实时路况系统"；加州大学圣地亚哥分校主管"智能并道系统"；南加利福尼亚大学研制了"预约泊车系统"。要想实现这些功能，必须配置高性能的车载电脑、内置/外置摄像头、车载雷达、激光传感器等。

加州大学伯克利分校研制的"实时路况系统"功能强大。研发团队调查发现，目前道路上有 40%的交通流量是因人们对于前方的交通情况不清楚而重复往返造成的，比如碰上临时的道路抢修或交通事故等。因此，该团队针对此问题研发了新的导航系统。该系统不仅能够读取市内各地区的交通数据，还能提示驾驶员何时何路线驱车前往目的地，可避开车流高峰。"实时路况系统"与云服务器联系，能够实时更新系统数据，引导驾驶员绕开那些已经关闭的路口。即便是遇到了一个月才举行一次的集会，如农贸集市，仍可以正确绕开。但该系统需要接入多个来源的交通地图信息，比如 Waze、Sigalert 或者谷歌地图等。

加州大学圣地亚哥分校研制的"智能并道系统"是最有可能在量产车上使用的技术，比如下一代的奥迪 A8。"智能并道系统"利用车内摄像头来确定驾驶员的头部位置，以便弄清楚驾驶员在看什么方向。通过分析泊车辅助系统和主动巡航控制系统的激光传感器和雷达传感器收集到的数据，提示驾驶员何时以何速进行并道才是安全的。"智能并道系统"不是通过警报声来提示驾驶员，而是将信息显示在 HUD(Head Up Display，抬头显示器)上。当 HUD 上显示绿色时，表明以当前的速度进行并道是安全的；而黄色则表明需要稍稍加速才能进行并道，安全的车速也会在 HUD 上显示出来；红色则表明当前速度下并道是不安全的，不能实施该操作。

现在停车已经成为普遍难题。因此，南加利福尼亚大学将预约停车作为研究项目。基于汽车互联技术和安装在停车位里的传感器，南加利福尼亚大学开发了一种程序。通过大数据的收集、无线连接及车载导航系统，该程序可以告诉驾驶员哪条街有空车位，并可准确预测出当驾驶员抵达目的地时，还有多少可用的停车位。为了让人们更好地理解这套应用，ERL 高级工程师——提派霍弗驾驶一辆奥迪 A6 进行了一次试驾。应用被安装在他的 Android 智能手机上。在试驾中，他将 AT&T 球场设置为目的地，设置好后，应用查询了当前和历史的交通数据，得出 7 分钟后可到达球场。如果这是一次商务会面，应用还可使用相同的数据来推送通知，提醒何时出发，甚至还可以设定一个提前时间，以确保能提早到达。该应用使用"近场通信"(NFC，不一定非得是 NFC，低功耗蓝牙或 Wi-Fi 也行)把目的地信息从手机传输到汽车的导航系统。导航系统收到目的地信息(AT&T 球场)后，显示出目的地周边地图，球场周围的街道上出现了十几个"大头针"，有的标着数字"2"，有的是"4"，表示这个街区可用的停车位数量。在旧金山的 600 个城市街区和洛杉矶的近 700 个街区，所有的停车位都有传感器，与中央服务器相连接。一辆车离开停车位后，系统就会将该车位标记为"空闲"。如果一辆车占用了停车位，即使驾驶员没有投钱，系统也会把该车位标记为"使用中"。根据历史数据和附近的活动情况，系统能够预测在车辆到达之前目的地周围还有多少空闲停车位。该实验表示，如果车程只需 10 分钟，系统预测的准确率可达 97%；20 分钟的话，准确率也有 91%。这套应用中最酷的是：它不提供街道名字，而是通过集成的谷歌地图和街景，提供会话式的指令，比如"到了麦当劳后右转"，这样，驾驶员即便在一个陌生的城市，也不会因为不熟悉街道名称而走错路线。

另外，驾驶员辅助系统还可以"学习"不同驾驶员的习惯。该系统要想好用，就必须个性化。系统"学"得非常快。只要一次试驾，A6 就能掌握驾驶员的习惯——如何加速和刹车，与其他车辆的车距等。所有信息都被存储在电脑中，系统会创建一个驾驶员档案，其中包括到达目的地的时间，把车停在街上、室内停车场，还是让服务员帮忙停车等习惯。系统只需 15 分钟就能够创建一个基本准确的驾驶档案，更详细的个性化档案大约需要 1 个小时。系统会持续改进档案，从而可结合交通信息和动态路线规划，告诉驾驶者到达目的地的精确时间；根据交通路况信息，告诉驾驶者可把车停在哪里。更为贴心的是，系统程序还能计算出从停车位到最终目的地的步行距离。如果驾驶员对这段路程不熟悉的话，便可使用模拟练习模式，该模式可给驾驶员演示如何到达最终的目的地。

"汽车是一台积极学习的机器"，奥迪汽车安全和概念工程师马耳他·穆勒说，"不过这只是中期目标。"随着越来越多的城市采用先进的交通监测系统和停车传感器技术，数据流变得更大、更精确，奥迪会在未来几年内实现量产。AUIA 的所有功能都是基于现有技术实现的。因此，只要大众电子研究室的工程师们确认了这些新技术的可靠性，那么就能在量产车上看到它们的出现，而不需要等上 20 年。

相比之下，奥迪正在研发的另外两项技术，因为更接近完全自动驾驶，所以量产的难度也就更大。

其一是自主泊车技术。奥迪的自主泊车技术又叫遥控泊车(Piloted Parking)，在 2013

年的 CES 展出上首次被演示。遥控泊车通过智能手机进行远程控制，实现自主泊车和取车。泊车系统利用车载传感器与停车场或车库的激光传感器相互作用来确定车辆自身位置，通过 Wi-Fi 信号连接停车场的管理系统来寻找空车位并获取行车路径。奥迪宣称遥控泊车系统传感器的检测精度为 10 厘米。在演示中，奥迪在停车场内安装了 4 个激光传感器来与车辆配合，这项技术正式上市时，车辆会自带激光传感器。这套系统在汽车端所使用的技术相对较为简单，但是对停车场的要求很高，必须要有一套能够连接 Wi-Fi 信号的管理系统，不适用一些开放的室外停车场和公路上的停车位。

其二是低速自动驾驶技术，在 2014 年的 CES 上进行了路演。根据奥迪的介绍，因能自动进行刹车、加速并保持车道，这套堵车辅助系统，可让驾驶员不再需要时时刻刻盯着前车的"后屁股"，把他们从这种极度耗费精力、机械地刹车和换挡加速的动作中解放出来。虽然在通往全自动驾驶的路上，只是前进了一小步，但对于那些每天要花两三个小时在路上的人来说，作用还是很大的。

系统的这些功能通过以下设备来实现：一个超声波传感器(从已经投入使用的泊车辅助系统中借用)，安装在车辆内外的摄像机，以及安装在进气格栅底部中间的激光雷达扫描器，它们的"指挥者"是安装在后备箱侧板里的微型 CPU。因为有了这一系列的传感器，系统能够从周边的环境中获取到足够的数据，指挥员 CPU 通过分析数据，在车速为 64 公里/小时以下时，能够替代驾驶员掌舵。当传感器检测到周围的堵车环境时(车速进入设定范围，没有检测到车辆前方的行人等)，就会在中央显示器上提醒驾驶员可以开启系统了。驾驶员只需要按下方向盘上的控制按钮，即可进入自动驾驶状态。系统激活之后，仪表盘显示器上的转速表和时速表会被车辆的基本信息——挡位和车速所取代，同时也会显示出激光雷达扫描器所扫描到的车辆行进前方的画面。退出自动驾驶模式的方法也很简单，只要把双手放到方向盘上就可以了，或者当车速接近 64 公里/小时的情况下，它会自动解除。奥迪表示，这个显示器并不是最终产品，要实现量产还要进行技术改进。

对于奥迪来说，最不希望看到的事情是：驾驶员把这段被解放出来的时间花在打盹儿或者玩手机上。这在任何地方都是违法的。因此，在路试中，演示人员反复提到这并不是自动驾驶汽车，而仅仅是一种驾驶辅助系统，看新闻和打个小盹儿这类行为是明令禁止的。为了防止这种情况出现，车内安装了用来监控驾驶员行为的摄像机。车内的两个摄像机会观察驾驶员的眼睛是否在动，从而分辨驾驶员是否在睡觉。当发现驾驶员眼睛闭上大概十秒的时间，系统就会立即启动刹车功能，并打开危险警告灯，同时连线地方交通部门，报告这一消息。这一功能大受执法部门的欢迎，当车内出现紧急医疗情况，比如驾驶员突发心脏病，也能够及时接到信息并进行救援。

前面提到，这种自动驾驶只能在车速低于 64 公里/小时的情况下实施。如果系统检测到前方交通已经变得顺畅，可以提速时，会发出警示声提示驾驶员，并给十秒钟的缓冲时间。当驾驶员因为看新闻或者喝咖啡不能及时接管方向盘时，系统也会给予等同于打盹儿的待遇。虽然奥迪的这个举措是为了安全，不过也出现了一个新的问题。在上述第二种情况下，车辆的速度已经挺快了，这时候突然紧急刹车，很有可能会让后车没有足够的反应时间，从而引发交通事故。由于美国内华达州的法律限制，在这次进行演示的 A7 后备箱上，还安装了一个大型的工作站进行辅助的数据处理。因此在演示过程中，系统并没有出现任何故障。但是，不幸的是，这项技术并不会很快进入市场。在正式发布之前，法律的问题还需要解决。同时，奥迪也在完善自动驾驶时的驾驶体验。

至于还在研发阶段的自动驾驶汽车，需要人们耐心等待。在奥迪看来，很多汽车制造厂商在自动驾驶汽车的研发上都有些操之过急。因为现在的相关技术和道路状况并不适合推广自动驾驶汽车。另外，"人们购买奥迪是因为奥迪的车开起来感觉很好，如果我们制造的奥迪汽车能自动驾驶了，那么驾驶员就体验不到手握方向盘的乐趣了"。

6.2.3 日产汽车

日产汽车的管理层已经设立了 2020 年的远景目标，那就是实现完全自动驾驶的汽车能够上市。其实，现在很多在售的汽车上都能够找到自动驾驶技术的一些要素，比如偏航自动纠正、监测到行人自动刹车等。所以说，日产汽车已经实现了自动驾驶，只是还没有达到完全自动化的程度。那么，日本研究出的自动驾驶汽车到底如何呢？来看看具体的驾驶体验吧。

用于试驾的是日产聆风自动驾驶原型车，该车是日产"蓝色公民"(Blue Citizenship)社会责任计划的一部分。"蓝色公民"计划有三大目标：制造零排放汽车(ZEV，迄今为止，聆风汽车是世界上销量最好的电动汽车之一)，将交通事故发生率降至近乎为零，以及让人人都能使用汽车。后两个目标完全可以通过推广自动驾驶汽车来实现。自动驾驶汽车不仅能让不会开车的人有能力使用汽车，还有可能大幅度降低交通事故的发生几率，因为 93% 的交通事故是人为因素造成的。

聆风自动驾驶车以日产自主研发的"安全盾"(Safety Shield)技术为基础，在车身上安装了一套以雷达和摄像头为基础硬件的多功能自动驾驶系统，包括车道偏离警示系统、自适应巡航系统和全景摄像头设备。现在，这些基础技术设备已经应用到 73 万辆汽车上。

此外，聆风自动驾驶车还配置了精度比普通雷达高出十倍的实时激光测距雷达，并为该车电脑配备了一套最新算法程序。该程序使得车载电脑能综合处理各个感应装置发来的各种数据，并通过传动系统来控制汽车的方向盘、油门和刹车。聆风电动汽车只有方向盘能被设定为由传动系统控制，其油门和刹车装置均为电子控制，该车没有安装油门踏板和刹车踏板，但手工优先控制方向盘的功能却被保留下来。事实上，之所以日产能够先于其他的汽车制造商给出自动驾驶汽车的具体商业化周期表，是源于他的秘密武器——激光扫描仪。在其他公司还没有决定是否要使用激光扫描仪时，日产已经得出了结论——想在现阶段实现自动驾驶，必须借助激光扫描仪。在聆风原型车上，车身拐角和后门内部共装有 6 个激光扫描仪。不同于其他供应商仅有一束激光用于汽车安全系统，这些激光会从左、右、上、下方向进行三维扫描，以对道路上各种高速行驶的物体进行完整地空间呈现。谷歌的无人驾驶车上安装有一个相对较大的车顶激光雷达系统，360° 旋转的扫描仪能够发射出 64 束激光，可创建超高分辨率的地图，精确到 11 厘米。而日产表示自己所用的激光扫描仪可以提供精确到 1 厘米的地图。同时日产还在开发自己的软件，对驾驶时输入的数据进行过滤并把数据和方向盘位置、加速度值、制动都整合起来。除激光扫描仪外，聆风自动驾驶车还安装了 4 台摄像头，能提供近乎 360° 的全景图像，其前置摄像头为远距离高分辨率摄像头，用于识别道路情况。聆风自动驾驶车的前置雷达能探测车辆前方 200 米以内道路的情况，在其车尾两侧分别安装了一个雷达，有效探测距离均为 70 米。激光测距雷达分别安装在其车身的前部、后部和 4 个角落，这些激光测距雷达外形方方正正，有效探测距离为 100 米。安装在聆风自动驾驶车车尾的激光测距雷达控制单元综合各个激光测距雷达反馈的数据，随后将数据传输给车载电脑处理，车载电脑随即向电子执行器发出指令，通过电子执行器对汽车方向盘、油门和刹车做出相应的控制。

自动驾驶汽车之所以被人们认为更安全，最直接的一个原因就是机器的反应比人类要快很多——在 1 秒钟内，高速摄像机摄取的画面信息比人类眼睛看到的要多很多，车载电脑处理数据的速度比人类大脑快很多，电子执行器的反应速度比人类手脚动作的速度更是快得多。在高速公路行驶时，聆风自动驾驶车系统能利用其车载激光测距雷达探测道路情况并严格按照预设车道行驶。当对前方行驶速度慢的汽车进行超车时，它将利用外车道超车并给出适当的超车信号。车载激光测距雷达还能识别突然出现在道路上的障碍物，如突然出现的行人。如果仅仅控制刹车还不能完全避免发生撞车事故，车载电脑将进一步控制方向盘进行转向，将汽车驶向安全区域。

除此之外，车内还安装有紧急系统，只要按下"SOS"按钮，车载紧急系统将发出求救信号。在高速公路上，它还能识别交通标识，自动将车速控制在限制速度以内。不论是否借助卫星导航，聆风自动驾驶车都能识别复杂的城市交通环境，甚至能识别十字路口的"停止"(Stop)标识。在对道路交通标识识别完成后，车辆按照"先停先走"的原则来行驶，同时它还能利用车载测距雷达来监视周围车辆的情况。聆风自动驾驶车还配置了"红绿灯"识别装置，能用语音信息向车内乘客说明车辆行驶情况。此外，如果前方行驶的汽车停下，聆风自动驾驶车也会暂时停下来，在前方情况解除后再继续行驶。

尽管聆风自动驾驶车需严格按照交通规则行驶，且需要躲避道路上的障碍物，但其自身的电动传动装置依然能在极短的时间内提高行驶速度。此外，聆风自动驾驶车的刹车系统十分灵敏。电脑控制方向盘也很平稳，只要乘客闭上眼睛，其乘坐体验与乘坐人类驾驶的汽车完全一样，即便在遇到模拟的紧急情况下，聆风自动驾驶车的行驶状况仍然平稳。日产智能交通研究部总经理 Tetsuya Iijima 表示，目前自动驾驶技术还有很多限制，比如汽车最高时速被限定在 128 公里/小时。因此，现在日产的任务是增强汽车的处理能力、减少成本、缩小尺寸，使得那些硬件可以小到鞋盒那样的尺寸，再塞到汽车上。

聆风的这款自动驾驶原型车也同样拥有十分贴心的技能——自主泊车。

当驾驶员走出聆风自动驾驶车，只需按下车钥匙上的"泊车服务"按钮，车辆就能自动寻找车位并向车主传送停车位的 GPS 坐标位置。聆风自动驾驶车使用激光测距仪和摄像头来引导自身寻找车位，避让其他车辆(不论其他车辆是处于停止状态还是行驶状态)，并将自己保持在车道线内行驶。当它找到一个空车位，车头首先朝向停车位，发出无线电信号，确定停车位的尺寸和与其他汽车的距离，随后将车掉头，车尾朝向停车位，以倒车方式倒入停车位。当车主想取回车辆时，只需再次按下"泊车服务"按钮，聆风自动驾驶车就能自动来到停车的起始位置。

日产原型车是通过车钥匙实现远程控制的，它利用 GPS 进行定位，激光测距仪和摄像头来识别路况，引导车辆进入空车位。后来，日产对这项技术进行了升级。升级之后的系统首次在 2012 年的 CEATEC(日本高新技术博览会)上得到展示，同样是用一辆由聆风改装而成的名为 NSC-2015 的车辆进行演示。车主下车之后，通过装在智能手机上的应用下达"泊车"命令,车辆接受命令之后即通过读取智能手机传送到云端的停车场内部停车信息寻找空车位并确定行车路径,再利用 360°摄像头来查看道路情况并监测车辆周围环境,判断是否有行人或车辆需要避让,从而自动驶入停车场,实现自主泊车。车主想取回车辆也非常简单,通过智能手机对车辆下达远程命令,车辆能够根据智能手机发出的信号确定车主所在位置,然后自动开到车主面前。

这套系统还具备远程监控功能。在车辆停在停车场时,摄像头实时监控车辆周围环境,当检测到附近有人徘徊时,会向车主的手机发送警示短信并询问是否查看实时景象,车主可以依据实时景象判断此人是否无害。可以看出,升级之后的系统更为实用和便利:直接从云端读取车位信息而不需要车辆进入停车场逐个探测;取车时也不是必须回到下车的位置,车辆可以通过定位智能手机而定位车主的位置;新增的远程控制功能也可以辅助防盗。当然,弊端依然存在:智能手机只能收集可以连接 4G 网络的车辆的位置信息。这套系统主要针对的是室内和地下停车场。在这些地方,GPS 定位由于不够精准而无法使用,故而采用的是 4G 网络信号定位。所以,首先驾驶员得有一个能够连接 4G 网络的智能手机;其次,得找到一个覆盖了 4G 网络的停车场,而且停车场里的车辆都能够连接 4G 网络。否则,系统会因为读取不到车辆的位置信息,而错误地判断此处为空车位。

日产打算在 2015 年或 2016 年实现这项技术的商业化,但是目前看来,仍然障碍重重。虽然汽车厂商相当推崇 4G 网络,但是真正支持 4G 联网的车型还是寥寥无几。此外,与沃尔沃相同,日产也正在研发汽车通信技术(V2V)。日产认为 V2V 技术的进步让汽车之间可以交换数据,交通流量也将随之得到大幅改善。日产曾用装配了激光测距仪的机器人 EPORO 模拟了汽车交通流量的试验。在 2009 年 10 月的日本电子高科技博览会上,日产首次向全球展示了由 6 个 EPORO 机器人组成的 EPORO 汽车群。EPORO 是基于鱼类仿生技术开发出来的,这个机器人可以模拟鱼群在前行时绕开障碍物的同时避免互相碰撞的活动模式。日产希望通过 EPORO 机器人的试验将这种特性运用到车辆的行驶上。在此之前,日产还基于蜜蜂的飞行模式,推出过名为 BR23C 的机器人。日产利用模仿鱼群的避免碰撞、同排移动及靠近同伴这三种行为规则,让 EPORO 机器人做出了无拥堵、无碰撞的行驶演示。而把这一概念移植到车辆之上,就是本能导航、智能探测和规避障碍物这三种特性。有了这三种特性,再结合日产的星翼(STAR WINGS)所收集的实时交通路况信息,就可以实现未来无堵塞、无碰撞的安全交通环境。

6.2.4 宝马

说起来,在已经公开进行自动驾驶技术研究的汽车制造商中,宝马算是比较低调的。这大概跟它的品牌口号(Slogan)——Sheer Driving Pleasure(纯粹驾驶乐趣)/Ultimate Driving Machine(终极驾驶机器)有关。当然,口号是可以改的,所以尽管表面上低调,宝马私下里的测试还是毫不含糊的。在 2013 年 7 月,宝马也揭开了其自动驾驶技术的面纱。这辆车是基于宝马 5 系而来的,在该车的设计和配置上都保留了诸多宝马特有的元素。从外观上看,这辆自动驾驶汽车与宝马的其他车系并没有显著不同,但车内的中控台区域配有一块很大的车载屏幕。宝马并未详细披露这辆车的工作原理,只是称该车使用的是一个自我生成的系统，并配有详细的道路地图和精密的雷达系统。但要实现宝马无人驾驶的前提是，车主必须先开车"领"着汽车走一遍。在这个过程中，汽车会把途径的道路情况自动存储分析，绘制一幅电子地图，供无人驾驶时使用。

另外，宝马把自动驾驶的概念也用在了赛车领域。在德国的纽博格林赛道上，宝马使用高精准度的 GPS 和一辆自动驾驶汽车，让那些想体验高速自动驾驶的人过了一把眼瘾。但宝马的自动驾驶还未能实现全自动化，还需要司机适时提供辅助驾驶。所以，宝马评价自己是"高度自动驾驶"，而非全自动驾驶。高度自动化意味着汽车本身能够担负起99%的驾驶任务，只是偶尔需要车主的配合。但这也存在一个隐患：这种"高度自动无人驾驶"会让车主注意力分散，在这种情况下可能会发生交通事故。事实上，宝马的某些车型已经实现了高度自动化，比如宝马 6 系。它的导航可以实现加速、刹车和超车的自动化控制，车主只需把汽车控制在车道上即可。宝马认为，目前阶段最理想的"自动驾驶"的情况就是："汽车能够随时从车主手里接管驾车任务，比如车主需要打电话时。"

宝马自动驾驶技术是在 2014 年的 CES 上亮相的。宝马认为，虽然全自动驾驶离人们的生活还很遥远，但是推出一些可以暂时获得汽车控制权的技术，取代驾驶员进行一些乏味的工作，比如在高速公路上匀速行驶，在一些较为复杂的操作中为驾驶员代劳等，还是可行的。在高速公路上持续不断地小幅调整方向盘会令很多驾驶员感到昏昏欲睡。当不需要驾驶员进行太大动作时，自动驾驶系统完全可以介入，以避免驾驶员精力分散而出现交通事故，堵车就是一个很典型的例子，即使车速很低也可能发生事故。车辆也可以自动完成侧方位停车等复杂操作，让驾驶员从繁重的任务中解脱出来，这就降低了驾驶员本身的驾驶技术要求。

一般人都会认为，自动驾驶和驾驶乐趣是相悖的两个选项，无法并存。于是，以驾驶乐趣为招牌的宝马，费尽心思地将这两项元素揉到一起，并在 CES 上展示了初步成果——自动漂移。这在目前所有已经公布的自动驾驶技术中，还是独一无二的。宝马用了一辆 M235i 和一辆 6 系双门跑车来演示这个超出人们想象的自动漂移技术。这两辆车都经过宝马工程师的改装，新增了高精度的 GPS 及传感器阵容——激光雷达、360°雷达传感器、超声波传感器和摄像机。传感器会实时探测与路况相关的所有信息，并将探测到的数据传递给控制单元进行分析，从而对当前路况做出精确的判断。工程师们安置这些传感器的目的并不是让车辆实现简单的自动驾驶，而是为了对车辆的操控能够接近"汽车的极限"。一旦开启"极限模式"，高精度探测系统配合原有的电子刹车、电控节气门和方向盘控制等元件，无须驾驶员介入，就可以实现精准的变道、漂移过弯，甚至能够进行高速的雪地障碍赛。

宝马的项目负责人表示，尽管现在自动控制系统的开发已经能够做出各种极限动作，车辆的安全驾驶还是最重要的课题。目前，这项技术不但不符合当前的自动驾驶汽车安全标准，而且还缺乏对不同的路面状况和交通环境进行大量的实践经验。实际上，自动漂移并不是这项技术的最终目的，宝马是希望通过实现自动漂移，让车辆上的自动控制单元能够进行更为精准的判断与控制，提高自动驾驶车辆的安全性能与操控性能，让自动驾驶与驾驶乐趣并存。宝马正在德国对这项技术进行为期一年的实地测试，以方便工程师们进行调校。宝马预计，这项技术投入到实际应用至少要等到 2020 年。

6.2.5　奔驰

时间回溯到 1888 年 8 月，贝莎·本茨(Bertha Benz)勇敢驾驶着丈夫卡尔·本茨(Carl Benz)发明的汽车，完成了从曼海姆驶向普福尔茨海姆的 100 公里的路程，向世人展示了汽车的可靠与迅捷，继而开启了汽车工业的纪元。所以，这条 100 公里的路对奔驰而言意义非比寻常。

自动驾驶的奔驰 S500 试验车需要自主处理一系列非常复杂的情况，从交通信号灯、环岛标识、限速标识到公交系统，再到随时可能出现的行人和骑行者等。虽然这对人类驾驶者来说是再普通不过的驾驶情况，但对于电子系统而言却需要用尽所有的处理能力。S500 试验车上所使用的技术非常接近量产标准，其中一部分功能已经在新 E 级和新 S 级上得到了应用。与谷歌等公司正在研究的自动驾驶车辆所使用的昂贵、特制设备不同，奔驰的 S500 试验车上使用的传感器多是现已应用在 S 级量产车上的产品。奔驰的工程师进一步挖掘已有传感器技术的潜力，通过改写程序，给技术平台赋予认知能力，使车辆能够感知自己的位置、周围的景象，以及做出合理的自动处理。借助高度自动化的"路径导航"(Route Pilot)技术，S500 试验车能够根据交通流量自动判断优化路径，自动改变即定路线，规避城市中拥堵的路段，寻求更快捷的路线。

戴姆勒股份公司董事、梅赛德斯奔驰汽车技术研发负责人托马斯·韦伯(Thomas Weber)介绍说："我们找到了重要的前瞻性研究方向，那就是不能仅仅将自动驾驶限定在高速公路巡航状态下，而是要将该功能扩展至更复杂的交通状况当中。教会汽车如何正确地在复杂的交通情形下做出反应动作需要很长时间和努力。因为世界上每一条路都不一样。我们也第一次在交通堵塞的前提下进行了自动驾驶的验证工作，最快 10 年内就将看到这项技术成熟地运用在量产车型上。"

德国联邦公路研究院(BASt)将自动驾驶的技术发展划分为三个阶段——部分自动驾驶、高度自动驾驶和完全自动驾驶。

(1) 部分自动驾驶阶段，驾驶者还是需要持续监控车辆自动辅助系统的提示，车辆无法做出自主动作。

(2) 高度自动驾驶阶段，驾驶者不再需要对系统持续监控，在这种情形下，电子辅助系统有了被限定好的一些权限，可以在某些状态下暂时代替驾驶者做出一定的动作，且驾驶者随时可以接管对车辆的操控。

(3) 完全自动驾驶阶段，系统有了完全胜任复杂情况下自动驾驶的能力和权限，驾驶者既不需要对系统提示时刻注意，也能放心做非驾驶的事情。这个阶段的驾驶，就有点类似无人驾驶了。

根据上述定义，我们可以发现，其实目前投放市场的量产车已经实现了部分自动驾驶，例如最新的 E 级和 S 级。新型增强型限距控制系统(Distronic Plus)结合转向辅助和起步停车辅助，能够在交通堵塞的路况下让车辆跟随车流前进。该系统构成了奔驰的智能驾驶核心。虽然现阶段这类系统都以"安全辅助"的身份出现，但我们都非常清楚这类系统的终极目标——自动驾驶。

回到这辆 S500 试验车上来，车辆一方面不断收集各路传感器发回的数据，另一方面结合车载导航的地图数据来判断自己所在的位置，同时分析寻找行车空间及自主规划路线。这些系统的程序算法由德国卡尔斯鲁厄理工学院(KIT)和奔驰研发团队合作开发。S500 试验车所使用的绝大多数技术是现成的技术，然而这些技术都得到了不同程度的升级。首先是立体摄像头间距增大，为的是增加立体摄像头的取景距离，能够识别出更远距离的物体，这会极大地提升雷达的功效。两个长距离雷达被安置在前保险杠的两侧，用来探测左右两侧来车；一个长距离雷达被安放在车后，用来探测后方交通情况；四个短距离雷达布置在车身四角，用来感知车辆近处的环境及路边的行人等。前挡风玻璃后的 90°视角彩色摄像头用来辨识交通信号灯；后挡风玻璃处也有一个后视摄像头，用来收集车辆后方的环境信息；车内的电子地图已经内置了环境特征(类似实景导航、街景照片等)，通过环境特征的对比，系统能大致判断自己所处的位置。这样获得的定位信息精确度比单纯依靠 GPS 更高。

说到这里就不得不提到另外一个合作伙伴——诺基亚的 HERE 部门，它跟奔驰合作开发自动驾驶技术的消息受到很高关注。奔驰选择跟诺基亚 HERE 合作，看中的就是 HERE 部门专注于制作 3D 电子地图及其提供的地理位置信息服务。诺基亚 HERE 部门专门在曼海姆和普福尔茨海姆之间制作了专供自动驾驶车辆使用的电子地图。定制版地图中除了正常的道路布局，还包括车道的数量、车道的方向、交通信号灯的数量和信号灯的位置，这些都对自动驾驶车辆起到了至关重要的作用。值得注意的是，虽然这辆 S500 试验车实现了自动驾驶，但是驾驶席上一直都有工程师。他虽然不用驾驶车辆，但不可或缺：一是要在可能发生系统失效的情况下随时准备接管车辆控制权；二是要对车辆进行信息收集和对控制策略进行调校升级。为了更好地进行技术研发，试验车所有的传感器数据都会被记录保存下来，以备研究所需，例如立体摄像头每小时就能记录 300 GB 的图像数据。一旦有试验车在测试过程中发生交通事故，那么这类信息就更具研究价值。

然而，自动驾驶的发展需要面对的不仅是技术壁垒，还有更大的挑战——政策法规。目前世界各国的交通管制法规里，自动驾驶很多关键性的技术指标都处在禁止的行列。例如，国际通行的 UN/ECE 法规第 79 条就对转向辅助系统做出了严格的规定——时速在 10 公里/小时以上的车辆只允许纠正转向而禁止自动转向。绝大多数国家的交通法规规定，驾驶者的手是不允许同时离开方向盘的。当然，奔驰不会忘记 S600 所配备的雷达使用波段与中国军用波段冲突而被禁止使用的惨痛教训。

6.2.6　谷歌

随着谷歌 Glass 的正式发布，同样是谷歌 X Lab 的孵化项目之一的自动驾驶技术再次成为人们关注的焦点。福特汽车执行董事长比尔·福特就曾在公开场合表达过对谷歌自动驾驶车的信心，认为到 2025 年，自动驾驶车行驶在美国公路上将成为一种普遍的场景。而第一辆自动驾驶车，预计在 2018 年可正式投入市场。

谷歌搜索引擎改变了人们获取信息的方式；谷歌地图使得在网上探索世界成为可能；Android 操作系统彻底革新了手机行业。现在，直接体验自动驾驶汽车的梦想已成事实，作为谷歌旗下一个伟大的产品，它必将改变世界。2010 年，谷歌前任首席执行官埃里克·施密特接受《华尔街日报》采访时说道："我想事实上大多数人并不渴望谷歌回答他们的问题，而是告诉他们接下去该做什么。"要实现这一野心，谷歌必须要从线上延伸到线下。随着谷歌自有品牌电子产品如 Nexus 智能手机、Chromebook、谷歌 Glass 的发布，以及谷歌将要兴建直营店消息的流出，谷歌早就不是一个仅仅存在于 Internet 上的公司。曾经参与谷歌 Glass 研发的研究员赵勇在提到他在谷歌工作的体验时说，"无论是自动驾驶技术还是谷歌 Glass，谷歌创新的目的不是财富，而是改变世界"。谷歌想建成一个基础的信息平台及操作系统，就如同 Windows 之于计算机，Android 之于手机，但又不仅仅如此。它的未来是整合世界所有的信息，构建一个独一无二的生态圈，成为一个人人赖以生存的超级数据公司。

这种战略投射到汽车领域，也绝非造一辆谷歌牌汽车那么简单。就像谷歌最初并不生产手机，但随着它将 Android 授权给越来越多的手机制造商，便成为消费电子行业中不可或缺的一员。施密特在谈到谷歌时曾表示，"谷歌的模式是网络、开放、所有的选择、所有的声音。"这种基因也极有可能在汽车行业复制。

谷歌自动驾驶车的真正价值在于它的数据，它把所有人、所有车、所有厂商、所有开发者、所有关系都融入了自己的体系。当所有的驾驶习惯、生活起居、社交网络都被谷歌以数据的形式收集时，它就能实现施密特的期望——让谷歌告诉你接下去该做什么。试想一下这样的场景：当你进入谷歌自动驾驶车，手机、iPad、谷歌 Glass 等移动设备便开始与汽车通信，当天的日程自动同步到汽车上；在谷歌地图的引导下，自动驾驶车把你带到将去的地方；安装在车上的 3D 探测器不仅在监测路况，也在实时扫描你的状态，当发现你有一丝不快或者感到寒冷时，便会为你播放一首你最爱的歌曲或打开空调；而谷歌 Now 则能预测你下一步需要做的事情、下一个目的地、下一次用餐地点等，并引导汽车完成你的想法。整个过程当中，你甚至都不用开口发出指令。

自动驾驶技术只是谷歌用来了解你的一种手段，它越是智能，人就越"傻瓜"，就越依赖于谷歌而活。正如现在大家都在讨论的移动互联网是否会变成微信互联网一样，一旦谷歌自动驾驶技术得到广泛应用，汽车也很有可能变成谷歌的汽车。到那时，谷歌不用真正进入汽车制造业，就能凭平台之势和海量用户行为数据，轻易地占据汽车行业的核心地位。为了实现这一愿望，谷歌早就在游说底特律的一些汽车制造商，帮助他们生产自动驾驶汽车。谷歌也在尝试更多的可能性，包括售后安装服务、跟汽车厂商合作等。谷歌想要告诉全世界，他们研究各种看似科幻的玩意儿不是为了炫耀自己的技术，而是想改变世界。谷歌想借自动驾驶车进入人们的生活，但是竞争对手也不少。这些竞争对手，不仅来自汽车行业，如汽车制造商或者汽车供应商，也有来自 IT 界的、与谷歌一样发现汽车价值所在的企业。早在 1994 年，英国捷豹汽车公司联合卢卡斯工业集团公司，首次演示了自动驾驶技术。通用、奥迪等汽车公司也已投入到自动驾驶或半自动驾驶汽车的研发中。日产公司则加入了牛津大学的自动驾驶计划，它的全电动汽车"聆风"(Leaf)最终可能会升级为自动驾驶汽车。有些制造商已经先行一步，建立了通过自动驾驶直接了解用户隐私的渠道。制造商要求车主签署一个授权采集及使用车辆数据的许可，数据包括汽车去过哪些地方，也包括行驶速度、各零部件的工况等信息。当自动驾驶汽车真正上市销售时，消费者在购买自动驾驶车的同时，可能需要签署一大堆授权文件，出售自己的隐私。而这，可能会成为一种新的消费行为。

汽车供应商大陆打算与 IBM、思科以及一家电子地图制造商建立合作伙伴关系，共同研发出能够"环顾四周"发现潜在危险的汽车导航系统。德国报纸 Frankfurter Allgemeine Zeitung 曾报道称这一地图合作方正是谷歌，但谷歌并未对此说法予以回应。大陆集团认为，地图软件是自动驾驶最关键的技术。为保证驾驶安全，自动驾驶汽车需要来自互联网的数据传输，提供持续更新的路况。即使具备更新数据的能力，汽车的机载电脑也要承担起监测碰撞危险的责任。所以，目前与地图制造商的合作，将不仅仅局限于提供实时交通信息。不管怎么样，谷歌已经走在了前列。在初期，谷歌会遵循"Don't be Evil"的理念，什么都是开放的；但是到了后期，技术专利费、应用收入分成、售后服务费等，必然会列入应有的商业模型之中，反正大家已在它的生态系统里。

在国内外有关谷歌自动驾驶技术的报道中，为证明这项技术的必要性，大多报道都会列出世界卫生组织和美国交通管理部门公布的车祸统计数据，有的干脆以"谷歌自动驾驶技术减少 99% 安全事故"为标题。显然，安全节能是谷歌说服政府部门允许自动驾驶车合法上路检测及未来运行的最大筹码。谷歌已经在内华达州、佛罗里达州和加利福尼亚州收到试车成效。作为这一领域的先驱，谷歌自动驾驶技术到底有多安全呢？目前，谷歌自动驾驶技术的核心是环境感应和数据收集，通过一系列感应器，如雷达、摄像机、GPS、惯性测试单元、车轮编码器等，跟踪、收集人车位置和运动情况等信息，自动驾驶系统可在极短的时间内做出分析和判断，然后采取相应措施。但是，这种判断以理想环境和规范动作为前提，一旦环境和行人行为处于非常态，系统如何正确感应环境？如何对突发状况和突发行为进行智能分类计算？如何采取相应措施？针对以上情况，目前还没有较好的解决方法。

美国科技博客 Business Insider 联合创始人、首席执行官兼主编亨利·布洛吉特(Henry Blodget)撰文指出，雪中行车、路况信息改变和对手势信号的识别将是自动汽车发展所面临的主要挑战。实际上，"雪中行车"是指在任何降低能见度、干扰感应的非常态天气下，比如雾霾或沙尘暴天气，感应器无法"看清"通路标志和行车线索的情况。在基础交通设施建设完善的地区，路况信息数据相对单一，但如果是在发展中区域，路况变化带来的不确定性将会是一个大问题。此外，当在交通信号和交通协调者的手势同时发出指令时，系统究竟应该听谁的呢？这一问题还有待解决。

除了自动驾驶车在多种路况上的性能表现有待验证，汽车的电路系统和刹车防爆系统也有可能造成事故，而这进一步增加了制定性能测试标准的难度。因此，尽管谷歌自动驾驶车技术产品经理安东尼·莱文多斯基宣称"自动驾驶车比普通汽车更安全，且事故率更低"，美国国家公路运输安全局和保险公司仍对此持保留意见。谷歌的自动驾驶车在营销界引起了激烈争论，有人看好，有人唱衰。看好者认为谷歌卖的不是车，是自动驾驶系统。虽然有不少厂家如奥迪、丰田都已经研发出自己的自动驾驶车，但是还有一些汽车厂商未来会直接购买成本相对较低的谷歌技术以增强自身竞争力，就像三星等手机品牌购买 Android 系统一样。这些厂商使用谷歌自动驾驶系统，给谷歌带来地图交通、定位和用户行为数据，然后再借助谷歌的搜索引擎交换信息和发布广告，谷歌得到的回报远远超出汽车制造的利润。通过这一技术，谷歌将改变整个汽车生态系统中各行业的商业模式。正是这一大胆预言引起了人们的担忧。如果谷歌将自动驾驶系统采集的数据用于商业分享，则意味着这一技术实质上是将谷歌搜索的信息采集模式和盈利模式应用到现实中，在人们毫不知情的情况下记录其日常生活信息，以此达到商业目的。美国汽车消费者联盟指出，谷歌搜索引擎利用消费者数据成为企业"巨无霸"，而无人驾车系统更使"用户无法控制哪些私人数据会被收集，哪些信息会被利用"。当企业利用这些数据进行市场分析，针对特定用户投放广告时，用户的隐私安全就受到威胁了。一些分析者还看好谷歌自动驾驶系统的全球营销策略，尤其谷歌紧盯中国汽车市场和城市交通建设的策略。他们不无乐观地认为，作为最大的发展中国家，中国最有能力也最应该引入这一系统，这将帮助中国尽快加强基础设施建设，交通安全问题也将得到极大改善，车企和消费者也都能从中获利。但是，也有分析者认为，谷歌自动驾驶系统的优势恰恰会妨碍它的全球化发展。自动驾驶汽车并非仅由谷歌独立开发，还需要 DARPA 的支持，以采集和分析数据为核心的技术事关国家信息安全，街道、城市建设和公共交通系统等更涉及军事领域，因此，若得不到美国国防部的支持，此项应用便不能用于实际操作中。

对于谷歌来说，不能进入像中国那样大规模的汽车市场，就必须承担高额的成本风险。与此同时，信息安全问题也要求这些国家自主研发自动驾驶技术，中国自然科学基金已在 2013 年进行自动驾驶车京津间行驶测试，2015 年已进行北京深圳间行驶测试。当然，这些安全顾虑并不意味着否定谷歌自动驾驶技术的发展前景，而是具体运行方式还存在许多问题，这也是为什么谷歌计划在未来 3~5 年推出自动驾驶技术，却还无法确定以何种方式推出的原因。

6.3　中国自动驾驶的后进之路

中国的自动驾驶之路其实由来已久。早年，一汽集团就已牵手国防科技大学，开展了中国车企的无人驾驶技术研究。2011 年，在长沙通往武汉的高速公路上，一辆黑色红旗轿车完成了全程 286 公里的路试，这就是国防科技大学首次在实际公路上完成的长距离自动驾驶试验。而下一次，这个数字将在京珠高速上扩大十倍。即便如此，从事无人驾驶技术研究多年的国防科技大学贺汉根教授仍直言，比起欧美，中国至少落后五到十年。与实验室"从上到下"的研究路线相反，负责产品量产的汽车企业需要走"从下到上"的路线，由逐步搭载主动安全技术到后期的自动驾驶这一过程不但缓慢，而且谨慎。搭载主动安全技术产品的合资、外国品牌车型都在抢夺中国市场，伴随着他们技术的升级，中国自主品牌不断失去更多的市场。作为后进生，中国汽车品牌如何跟进自动驾驶之路，正是本土车企必须攻克的难题。

近十年，欧美车企不断推出搭载主动安全技术产品的车辆，最初的 ABS 早已成为标配。而后，ASR 驱动防滑控制系统、EBD 电子制动力分配系统及 ESP 电子稳定控制系统等一系列底盘安全控制系统也陆续普及。2007 年，美国高速公路交通安全局要求当年 9 月 1 日之后生产的全部车辆必须配备轮胎气压监测系统(TPMS)，这是继安全带、安全气囊之后有关汽车安全的第三个立法产品。随着这项法案的实施，国外车企大多一呼百应，纷纷装配了胎压监测系统。当时中国自主品牌宥于技术储备不足、产品成本控制、市场定位等因素，及时跟进采用主动安全配置的企业屈指可数。五年后，胎压监测系统终于开始显见于自主品牌的量产车型配置表中。

目前的主动安全技术产品，大致有驾驶信息增强系统、行驶安全预警系统、安全辅助驾驶系统、底盘安全控制系统、协同安全系统及主被动一体化安全系统六类数十种产品。贺汉根教授介绍说，主动安全技术的提升将使得车辆事故发生率降低60%多，而未来主动安全技术的价值将占全车价值的一半。汽车行业的洗牌周期一般为3年。三、五年之前，自主车企仍可凭借产品差异化竞争获得暴利。但现在，对自主车企而言，及时做出长久的产品规划远比短暂收益更为重要。低端市场的价格之战已经呈现出疲劳损耗的状态，这需要自主品牌依靠其他方式脱离险境。从汽车智能化、科技化、安全性入手，一方面符合现阶段的汽车发展状态，另一方面也是自主品牌求变的选择。几乎所有的自主品牌车企都已投入资金修建主、被动安全技术实验室，比如吉利、长安、一汽，以及后来居上的比亚迪。2011年的吉利EC7以其搭载的爆胎监测系统作为主要卖点；而后，一汽红旗H7上市也着重打出主动安全牌。这些都说明了国内自主车企都在摸索、尝试主动安全技术的应用，以及后续产品的开发。

但是，尽管自主车企与一些零部件供应商保持着良好的主动安全产品的供需合作关系，从本质而言，这不过是付钱"拿钥匙"。长安汽车工程研究总院先期技术研究所所长李剑表示，尽管长安汽车已经有了明确的主动安全技术规划，预期从硬性标配技术开始，向欧美的主动安全标准靠拢，但是，长安汽车车型目前搭载的主动安全技术产品仍处于与国外供应商合作阶段，其自主研发实验室虽已启用，却还面临着不小的技术难题。最大的难题便是车企研发人员尚不能掌握供应商提供的主动安全产品的系统集成方法。这导致产品成本高、主动权外流的问题继续存在，自主品牌车企离自己"配钥匙"阶段也还有段距离。需要阐明的是，量产车型现有的主动安全技术应用并不能完全代表自主车企在这一领域的技术储备。从实验室研究成果的展示到实际投入量产，中间尚有许多问题需要处理和解决。事实上，中国启动无人驾驶的研究项目是在20世纪90年代，当时主要的科研承担者还只有国防科技大学、清华大学的科研团队。后来，更多的高校、研究所加入进来，形成了无人驾驶在实验室阶段的研究群体。但这些项目研究更多的是与国防、军事相关的保密研究，用作汽车量产技术成果的寥寥无几。联系较为紧密的是一汽与国防科技大学、启明等企业的合作研发的用于车辆的自动驾驶技术。另外，比亚迪也正携手新加坡科技研究局，联合建立实验室，整合双方在电动车领域和无人驾驶领域的技术，研究未来的无人驾驶电动汽车。但是，一部分成果尚未取得量产通行证，这导致了自动驾驶技术无法得到广泛的推动，多数自主车企有心无力。

从某种意义上讲，中国的实验室无人驾驶技术与自主车企所需要的能够实现量产的自动驾驶技术，仍然有很大差距。一方面，中国高校、研究所、实验室的技术方向是"从上到下"，这与车企注重实际量产、"从下到上"的技术应用路线存在着较大差异；另一方面，据国防科技大学安向京所长介绍，目前中国高校的无人驾驶研究主攻电脑智能系统，注重车辆对环境信息的感知，距离负责捕获信息的"传感器"一端更近。而车企则需要考虑传感器反馈而来的信息需要在哪个车型、以何种方式表现出来，距离"整车"一端更近。因此，面对车企从局部出发实现自动驾驶的需求，高校实验室若能与车企产生联动，要做的后期工作还有很多。

目前，从技术角度而言，实验室技术与车企所需技术之间的差距越来越小，但是由于法规、生产成本、推广规划等诸多因素的限制，车企在量产车型上的主动安全应用仍需要按部就班，不能操之过急。此外，车企与高校、研究机构之间尚缺乏更为紧密、有序的合作，这也成为捆绑自主品牌施展拳脚的绳索之一。从合资、国外品牌来看，主动安全技术大都来自车企投资建立的研发中心及实验室，有些研究如果不能在自己的实验室完成，则需要与国外更为先进的实验室展开合作，依托其有利的硬件条件完成设计规划。例如，泛亚作为上海通用的研发中心，部分主动安全试验也需要借用荷兰天欧集团的实验室来完成。而欧美高校的强大科研水平也能给予车企较为可靠的前沿技术支持。相比之下，中国自主品牌车企投资修建主、被动安全实验室整体偏晚，如何有效利用高校、研究机构、科技公司的技术资源积累，形成稳定的发展链条，是自主车企需要思考的问题。"政府引导—高校研究机构负责攻克关键性难题—企业解决产品开发、技术演示"的三者联动路线，是目前高校科研机构方面期待成行的技术合作方式。未来的自主品牌自动驾驶如何发展，或许答案已不远。

小　结

通过本章的学习，读者应当了解：

✧　自动驾驶主要依靠人工智能、视觉计算、雷达、监控装置和全球定位系统协同合作，让汽车可以在没有人的主动操作下，自动、安全地操作机动车辆。

✧　最早的"无人车概念"由美国工业设计师 Norman Bel Geddes 提出。他在1939 年的世界博览会上，为通用汽车设计了一条有轨道路，在这条道路上行驶的小车均安装了循环电路，可以在无线电控制下实现自主驾驶。

✧　自动驾驶汽车得以推广，能在 2025 年产生 2 亿美元至 1.9 万亿美元的潜在经济影响。其好处是：驾驶员有了更多的自由时间；道路的安全性得到提高；汽车的经营成本得到降低；每年 3 万到 15 万人可避免死于车祸；二氧化碳的年排放量将下降 3 亿吨——相当于现在商务飞机年碳排放量的 50%。

✧　根据自动化水平的高低，沃尔沃把无人驾驶划分为四个阶段：驾驶辅助、部分自动化、高度自动化、完全自动化。

✧　日产聆风自动驾驶原型车作为"蓝色公民"计划的一部分，有三大目标：制造零排放汽车，将交通事故发生率降至近乎为零和让人人都能使用汽车。后两个目标完全可以通过推广自动驾驶汽车来实现。

✧　谷歌自动驾驶车的真正意义在于将所有人、所有车、所有厂商、所有开发者、所有关系都纳入自己的体系，当驾驶者所有的驾驶习惯、生活起居、社交网络都被谷歌以数据的形式收集后，谷歌将会建立起属于自己的汽车生态链。

✧　中国的实验室无人驾驶技术与自主车企所需要的能够实现量产的自动驾驶技术，仍然有很大差距。

练　习

1. 自动驾驶主要依靠_____、_____、雷达、监控装置和全球定位系统协同合作，

让汽车可以在没有人的主动操作下，自动、安全地操作机动车辆。

2．根据自动化水平的高低，沃尔沃把无人驾驶划分为四个阶段：_____、_____、_____、完全自动化。

3．谷歌自动驾驶车的真正价值在于_____。

4．简述自动驾驶的基本概念。

5．简述自动驾驶对社会的影响。

第7章 车联网的使命

本章目标

- 了解车联网环境下的安全问题
- 了解中国车联网的发展之路
- 了解车联网的未来体验
- 了解智慧城市与智慧交通

物联网的爆发让车联网迎来了迅猛的市场增长，成为物联网进入百姓生活的一大切入点。业内人士表示，目前一辆普通轿车内大约安装 100 多只传感器，豪华轿车的传感器数量甚至多达 200 余只，车联网的崛起只是时间问题。随着消费者的需求和道路建设的日新月异，以及道路安全事故的增加与汽车保有量的增长，越来越智能化的汽车技术已逐步成为未来汽车行业发展的趋势，汽车互联是未来汽车电子行业发展的趋势。

7.1 车联网与信息安全

随着科技的发展、智能手机的普及，车联网已经融入到汽车的驾驶过程中，成为必不可少的系统功能。车辆与环境的连接日趋增加，这会为驾驶员带来众多改进，像半自动或全自动驾驶、环境交通信息的提供等，这些改进将有助于改善驾驶行为，防止许多严重的交通事故。此外，基于对车辆的永久无线接入，全新的商业模式正在兴起，例如远程软件升级服务可以避免代价高昂的召回活动。不过，另一方面，随着人们对于车联网越来越依赖，有关车联网系统的安全问题也逐渐提上日程，允许从外部接入车辆系统会存在设备非法远程操纵和网络犯罪的风险。

如图 7-1 所示，随着车联网的普及，每一辆车都将成为一个移动热点中心进行数据的交换与传输。

图 7-1　车载移动热点网

将来，车对车(V2V)和车对基础设施通信(V2I)将能改善道路交通的安全和效率。如可以提醒驾驶员在行驶路线上发生的道路损坏或意外事故、通过射频接口对其进行远程诊断并及时通知必要服务措施。在这个过程中会交换位置、速度等敏感数据，因而必须保护这种数据的完整性。但是迄今为止，尚未解决这些数据的实际控制权问题。

如图 7-2 所示，2013 年美国黑客大会上，两名黑客查理·米勒(Charlie Miller)和克里斯·瓦拉塞克(Chris Valasek)发布了他们的研究成果——《汽车网络和控制单元探秘》，曝光了丰田普锐斯和福特翼虎被攻击的全过程。在上百页的白皮书中，黑客们展示了如何利用电脑入侵 2010 款丰田普锐斯和 2010 款福特翼虎这两款不同车型汽车的电子控制系统，如控制车辆的仪表盘显示、行驶过程中的转弯与加速，甚至是在高速状态下的制动。

米勒和瓦拉塞克发表这份白皮书的目的，是向所有研究人员敲响关于智能车辆安全性的警钟，两人就黑客攻击对车辆本身带来哪些影响，做出了急剧冲击力的铺垫实验，因此引起了车主和厂商的轩然大波。不仅如此，两名黑客在展示他们研究成果的同时，还附上了攻破中控系统的源代码、编程环境以及整个过程所需要的软硬件资源。这意味着，只要能够看懂白皮书以及稍微对软硬件知识有研究的人，都能成为攻破汽车防御的"黑客"，并成功控制一台车辆。

图 7-2　查理·米勒和克里斯·瓦拉塞克

这并不是个例，计算机安全研究人员萨米·卡姆卡尔(Samy Kamkar)透露称自己也曾入侵很多通用汽车车型采用的 OnStar 通信系统。只要给汽车附上一个小型的 Wi-Fi 接收器，就可以远程获知汽车的位置，打开它的车门或者启动其引擎。

对于熟悉电脑软硬件知识和车载系统的工程师而言，侵入车辆中控系统其实并不十分困难。车辆中控所发出的每一条指令都需要交给 ECU(即电子控制单元)。每一个电子设备都有独立的 ECU 负责，ECU 之间通过 CAN 总线进行信息的传递。所传递的信息使用的是 TCP 通信协议。有了指令的发送者、接收者、传输信道以及指令本身，整套系统便可以稳定的工作。在车辆行驶过程中，成千上万的指令在信道上传输，如仪表盘显示当前车速、左转右转指示灯的亮灭、自动挡车辆根据车速换挡等。

在系统中，虽然指令是加密的，但信道是开放的。因此，黑客能够利用数据连接线通过 CAN 总线直接进入信道，虽然各个厂商使用不同的加密机制对汽车指令进行加密，但是当电脑设备接入 CAN 总线后，很快就可以查看到各种指令，因此不难通过这些指令破解出加密方式。查理·米勒和克里斯·瓦拉塞克正是通过分析、比对指令，很快就破解了普锐斯的加密方式。通过修改指令，他们让汽车的车速显示到最大，但此时车辆并没有点火。让油箱显示为空，车门显示为打开状态等。他们对仪表盘显示做完手脚后，又对车辆的车道偏离辅助功能和自动纠正方向盘进行攻击，发送假指令使方向盘自动转向。如图 7-3 所示，试想一下驾驶员在正常驾驶汽车时，由于被黑客入侵，导致方向盘突然转动冲向路边的场景，后果不堪设想。

图 7-3　黑客控制汽车冲出路面

就此，丰田和福特曾发表声明，说黑客只能用数据线连接并坐在汽车上，才能"黑"掉车载系统。针对这一声明，2015 年 7 月末，查理·米勒和克里斯·瓦拉塞克利用一台联网电脑控制了正在圣路易斯高速公路行驶的一辆克莱斯勒 Jeep Cherokee 汽车。当时，米勒和瓦拉塞克打开了车子的雨刮器，将音响和空调调到最大，并终止了车子的传动装置运作，使得它无法驾驶，作为驾驶者的《连线》杂志记者却束手无策——而这一切操控，全都是在米勒 10 英里以外的地下室完成的。

美国拉斯维加斯刚刚结束的 CTIA 移动大会指出：智能汽车全球市场将达千亿美元，仅美国市场就占了 340 亿美元。到 2016 年，72%的受访用户表示，会推迟一年购车专门等待智能汽车的出现。而有 60%的新车(约 1000 万辆)会装载移动通信模块。目前，智能汽车平台使用自己的开发接口供第三方开发者开发汽车移动应用软件，今后将有大量和车联网有关的手机应用出现。鉴于之前安卓应用每年增加 7、8 倍的规律，2016 年的汽车应用的数目应该会超出 100 万。不幸的是，当前所有的智能汽车应用都没有通过必要的安全性测试，结果导致许多应用有可能不知不觉地获取驾驶者的重要数据，或者对智能汽车进行恶意操控，将驾驶者置于风险之中。

因此，市场迫切需要一个把对 OBD 端口、车载系统、汽车应用商店、车联网产品安全等环节的渗透测试整合一体的全面解决方案，能满足不同车主和不同车型的安全保障要求。同时，相关车联网产品厂商必须对自己的软硬件产品进行深度安全测试，确保不会被黑客利用来攻击车辆。综上所述，车联网安全任重而道远。

7.2 中国车联网之路

2009 年被业内称作中国车联网元年，至 2016 年发展已有 7 年了。当前，中国车联网的用户规模增速明显，但由于商业模式、本地化服务及支付模式等瓶颈的存在，中国车联网目前依然处于初级阶段，甚至还在连与联之间徘徊。即使如此，车联网概念自产生以来，其热度就从来没有减弱过。

中国车联网的发展离不开整车厂的积极参与和推动，尤其是合资品牌，如 Onstar 和 G-BOOK(智能副驾系统，即车载智能通信系统)在国内的大力宣传，培育了国内的用户市场，让消费者知道了什么是 Telematics(Telecommunication+Information，车载信息服务)，什么是车联网。国产品牌方面，上汽从最初的积极跟进配置 Inkanet，到后来居上推出了 iVoKa(iVoKa 也是率先将声控技术引入到车联网的国产服务品牌)，再到现在最新的 YUNOS 车载系统。整车厂的积极参与，将车联网的概念深入到每一个普通消费者当中。

1. 现状

中国车联网目前主要有两个市场：一个是商用车市场；另一个是乘用车市场。

(1) 商用车市场。

商用车市场受政策的影响比较大。2010 年，交通部办公厅发布了《关于加强道路运输车辆动态监管工作的通知》，要求切实加强道路运输车辆动态监管工作，预防和减少道路交通运输事故。依照规定，两客一危车辆(旅游、班线客车和运输危险品的车辆)必须安装相关的车载终端设备，且必须接入到交通部监控平台。部分省市对货运车辆也做了相关的规定，要求 8 吨以上的货运车辆必须安装车载终端。

目前看来，商用车搭载车联网的主要目的是遵照交通主管部门的要求和用于车辆的安全监控。但若只是安装车载终端设备(即实现"车连网")，与"车联网"相差还很远。尤其是对于物流行业而言，仅仅实现了运输过程的透明化管理，却并没有为物流公司或车主带来增值服务。

(2) 乘用车市场。

乘用车市场受政策的影响相对小很多，用户可选择的余地较大。目前，国内乘用车市场分为两大类：以车厂为主导的前装市场和以车载终端为主导的后装市场。

在前装市场，比较有代表性的合资品牌有安吉星、G-BOOK、Carwings("智行+"是东风日产车载信息服务系统)等。据安吉星官方消息，上海安吉星在国内的用户人数已突破 50 万大关，累计为中国车主提供了超过 2200 万次的导航服务。前文提及的国内自主品牌，如荣威的 iVoka、长安的 incall、吉利的 G-NetLink、一汽的 D-Partner 等，也在市场中占有一席之地。但是，自主品牌车厂基于车联网的平台虽多，但投入商用的平台除了 iVoka 之外，很多企业只是委托车机厂商搭建了一个样片而已，并没有真正投入商用。而且，搭载车联网的车型销售不佳。国内整车厂大都仍属于试水阶段，尚未确定平台规划。

和前装市场相比，后装市场的产品形态可谓是百花齐放、百家争鸣，既包括传统的如 GPS 车载终端这种黑盒子类型的产品，也包括车机自带通信功能的产品、以蓝牙为传输介质的产品，甚至还有以 OBD 加手机 APP 的产品形式。

乘用车市场是 B2C 为主的市场，对企业的渠道运作能力、市场推广能力、产品研发实力及商业模式等方面的要求都非常高。近年来，乘用车市场未能形成一定的用户规模，这是其中的一个重要原因。

2. 分析

车联网的核心在于"联"，短期内实现"车连网"容易，但实现"车联网"就比较难。由于汽车行业的特殊性，即便通过短距离通信实现了车车通信、车路协同，但受政策、标准、产业链利益以及车厂的差异化战略等因素影响，难以形成大规模的用户群体。即便整车厂标配车联网设备、车机厂全部生产车联网设备，每年也最多只有百万级的市场规模。况且，车主不可能每天都在车上，平均每人每天用车一般不超过 3 小时。

目前，车联网服务第一年都是免费，但由于现阶段车联网的发展刚刚起步，服务内容的单一导致客户对车联网的认可程度不高，因此，第二年续费时车主往往不愿再为此而付费，造成服务黏性不高，续费率很低。

出现这种问题，主要有以下几方面的原因：

◇ 实用性功能太少。目前的车载智能系统所提供的服务，如传统的导航、广播、新闻、娱乐等功能已远远满足不了用户的需要。一般意义上的导航完全可以用手机替代，娱乐游戏功能在车载环境华而不实，安防类功能使用率又太低，非常尴尬。

◇ 陷入车机和手机关系的误区。在车联网行业里盛行手机与车机"你死我活"的论调，认为未来不是车机取代手机，就是手机颠覆车机。然而，手机和车机最终会形成一种互补的关系。只不过手机最终会向嵌入式、芯片化发展，

而车机的未来前景是智慧交通、智慧城市。

◇ 销售人员欠缺专业素质。影响车联网产品普及的一个重要原因，就是 4S 店销售人员的专业素质不足。很多体验不错的产品都因为销售人员欠缺相关知识而没能达到理想的推广效果。例如，在对于某高档品牌车联网产品的实际走访中，遇到的不知道产品定义、不懂如何激活 SIM 卡的销售人员大量存在，对于车载系统功能的介绍水平也是良莠不齐，造成用户对车联网系统功能既不了解，也难以产生兴趣。

◇ 盲目照搬欧美模式。和其他产品一样，中国企业往往喜欢直接将国外现成的产品和模式移植到自己产品中去。但是，国内车联网的发展模式和国外有很大不同，国外的车企做车联网大多从安防等与车深度结合的功能入手，直接切入"底层"。而国内很多自主品牌的整车电子架构才刚刚开始搭建，且涉及整车厂与第三方的合作问题，很难在短时间内切入"底层"。相比而言，和用户更贴近、和互联网更相关的增值服务是符合中国国情的第一步，可以看做是切入"中层"。因此，盲目照搬国外产品经验并不可取。

3. 挑战

车联网作为一个新兴的产业，目前大部分还停留在概念阶段，也面临种种的挑战。

(1) 移动网络基础建设。

车联网最理想的网络载体是 WCDMA(3G)以及 LTE(即 4G，包括 TDD 和 FDD)或者未来更加高速的移动网络。虽然我国的三大电信运营商开展 3G 业务多年，但中国的 3G 网络覆盖依然并未达到令人满意的地步。而国内的 4G 网络尽管当下发展得如火如荼，但 4G 用户仍是少数。总之，按目前国内的移动网络状况，要想承载车联网还是有些令人担忧的，毕竟车联网最重要的就在于"联"字，一旦脱离了互联网，和一台装了智能系统的普通汽车就毫无区别。

(2) 客户需求与认知度。

中国国情决定了国人并不是特别在乎车辆的技术性能，客户会认为车联网在生活中不会用到，因此不会去花钱购买。况且，即使是高学历知识分子也很少知道车联网是什么。这样既没有需求又没有认知度，自然无法产生客户群体。而车联网又是一个需要大量用户群体才能产生效益的模式，于是陷入了一个死循环，企业也无法从中获取利润。

(3) 合作或是自主。

中国的汽车市场引入合资理念已经很多年，无数汽车巨头在中国赚得钵满盆满，但却并没有分享给中国车企太多的技术。这让人不禁深深反思当初的"市场换技术"思路究竟是对是错。到了车联网这里，我们又一次面临了这个问题：是直接与外国的科技公司、汽车公司合作，还是自主研发？车联网能不能成为中国自主品牌翻身的契机呢？

(4) 安全与隐私。

美国谷歌公司的无人驾驶汽车技术已经非常的成熟了，能够以最高 40 km/h 的速度进行行驶，同时可以监测大面积范围内的所有动态物体和路况。但是，美国的一项调查结果却十分出乎人的意料，那就是 88%的美国人都觉得该项目不安全，原因并非怀疑车辆的性能或是无人驾驶技术本身，而是担心车载系统或网络遭到黑客的攻击或控制。

安全问题和隐私问题永远是人们最关心的，一辆随时联网的汽车究竟会泄漏出多少个人的信息？如何保证车联网收集的信息不侵害客户的权益，同时又不被恶意使用？当车辆成为互联网的一部分，同时本身还搭载有智能系统的话，就有极大的可能会成为黑客的攻击目标。而且，即使现在的移动网络技术已经相对安全，但在网络安全方面，仍然可以说没有攻不破的盾。现在的很多车辆已经带有部分自动驾驶技术的雏形，包括自动泊车、碰撞预防系统等，一旦这些联网的汽车遭到黑客的控制，后果不堪设想。这可谓是车联网的一大痛处。

(5) 政策支持。

中国在车联网的发展上下了一番功夫，比如 ETC、两客一危的监控，以及在《交通运输行业智能交通发展战略(2012—2020 年)》中提到的：虽然目前我国技术落后且缺乏成熟商业模式，但仍然要力争在 2020 年实现产值千亿元的突破，其中也包括车联网在内。这证明国家对于车联网的发展是十分重视的。

车联网作为未来交通的发展趋势，又得到了政策的大力扶持，长远来看确实是个诱人的超级蛋糕，值得企业提前布局。但是，考虑到目前的技术水平和研发能力，车联网产业真正成规模、出效益，仍然需要时日。

7.3 车联网的使命

纵使车联网行业目前仍然处于发展初期，盈利模式和普及程度还不明朗，但在国家政策和科技发展的推动下，车联网必将迎来广阔的天地，它将对城市的发展和交通的顺畅发挥决定性作用。继互联网、物联网之后，车联网必将成为未来智能城市的另一个标志。

(1) 智慧城市。

中国工程院副院长、国家信息化专家委员会副主任邬贺铨在世博会主题论坛上指出，由物联网衍生的车联网将成为未来智慧城市的重要标志。

智慧城市的整体方案如图 7-4 所示。智慧城市本身就是一个网络城市：人与人之间有互联网，物与物之间有物联网，车与车之间有车联网，运用智能技术，使城市的关键基础设施通过组成服务，使城市的服务更有效，为市民提供和谐共处的社会环境。

图 7-4 智慧城市概念图

正如互联网能让人们实现"点对点"的信息交流，"车联网"也能让车与车"对话"。专家指出，未来具备了"车联网 DNA"的汽车不仅高效、环保、智能，更重要的是，它还可以提供前所未有的交通安全保障，甚至可以将汽车司机发生交通事故的概率降低为零。

全球一些主要汽车品牌已经开始了这方面的探索。如通用 EN-V 车型就是基于车联网理念设计的，它整合了车对车交流技术、无线通信及远程感应技术、支持自动驾驶。在自动驾驶模式下，它能获得实时交通信息，自动选择路况最佳的行驶路线，大大缓解交通堵塞。除此之外，它还可以感知周围环境，在很大程度上减少交通事故的发生。一些著名汽车厂商都意识到，下一个能为改善交通安全带来重要推动力的技术成就就是汽车与汽车间的"交流"。如果汽车能互相进行信息沟通，即使危险尚处在下一个弯道甚至更远，驾驶员也能提前识别并防范。

未来的汽车将具备行人探测功能，不用司机踩刹车，车辆就可以实现自动刹车、紧急停车。在第 80 届日内瓦车展上，装配全力自动刹车行人探测系统的沃尔沃 S60 已经推出，它可以探测走入车前的行人。紧急情况下，系统首先向驾驶员发出声音警示，并在挡风玻璃上显示闪光信号。如果驾驶员仍未对警示做出反应，碰撞即将发生时，汽车会自动进行全力制动。

疲劳驾驶是一个全球普遍存在的交通安全问题，车辆的警示系统能够预防疲劳驾驶，帮你赶跑开车时的瞌睡虫。丰田汽车通过智能安全网络能及时纠正驾驶员失误，通过方向盘监测驾驶者脉搏，发现驾驶员疲劳驾驶时，便启动警告系统。最初只是摇晃驾驶座位，当驾驶者仍无反应时，系统就会自动熄灭而强行停车。

(2) 智慧交通。

在企业眼中，车联网市场或许只意味着滚滚而来的商机。但从更宏观的层面来讲，车联网更大的意义在于打造智慧交通系统，造福社会民众，真正实现人、车、路的结合，如图 7-5 所示。

图 7-5 指挥交通概念图

车联网在智慧交通领域的具体应用主要包括：利用碰撞预警、电子路牌、红绿灯警告、网上车辆诊断、道路湿滑检测等功能，为司机提供即时警告，提高驾驶的安全性，为民众的人身安全添一重保障；利用城市交通数据分析、交通拥塞检测、路径规划、公路收费等功能，改善出行效率，为缓解交通拥堵出一份力；提供餐厅、拼车、社交网络等信息，为民众的生活与娱乐提供方便。

如图 7-6 所示，上海 2010 年世博会期间，园区中的"上汽－通用汽车馆"放映了一部科幻大片《2030，行！》，用长达 10 分钟的动感电影展现了 2030 年上海的城市景象。

图 7-6　《2030，行！》海报

在片中，2030 年的上海拥有 5 层立体交通网络，科技已经非常发达，人与自然和谐相处，出行工具的代表——EN-V、叶子和海贝汽车，已经实现了新能源驱动、车联网和汽车无人驾驶这三大技术。凭借这些技术，汽车能通过建筑外墙的轨道直接停在自家阳台上、所有车辆都能收到联网信号从而帮助危急的产妇平安诞下宝宝、自动驾驶能引领盲女自如穿梭在城市中……通过"车联网"，汽车具备了高度智能的车载信息系统，并且可以与城市交通信息网络、智能电网以及社区信息网络全面连接，从而可以随时随地获得即时资讯，并作出与交通出行有关的明智决定。智能的"车联网"甚至可以"一键通"接通呼叫中心，帮助司机获取周边信息，寻找停车场，以及自己找到充电站完成充电。片中的城市在"车联网"的保护下实现了零交通事故率，堪称绝对安全。观众已提前 20 年，身临其境地体验智慧城市对我们生活的改变，感受"行愈简，心愈近"的大同世界。

小　结

通过本章的学习，读者应当了解：

◇ 车联网面临被黑客入侵的安全隐患，黑客通过合法端口即可侵入车联网中控，破解密令，改变车辆运行。

◇ 中国车联网事业正处于起步阶段，盈利甚微。

◇ 智慧交通、智慧城市将随车联网的步伐迈入人们视野。未来，任何人都可在车联网环境下实现零事故飞速驾车。

练　习

1. 信息安全为车联网发展带来了哪些困扰。
2. 简述车联网在我国发展所面临的挑战。
3. 用自己的话描述未来我国车联网的发展前景。

参 考 文 献

[1] 田大新，王云鹏，鹿应荣．车联网系统．北京：机械工业出版社，2015

[2] 徐晓齐．车联网．北京：化学工业出版社，2015

[3] 车云网．车联网：决战第四屏．北京：电子工业出版社，2014

[4] 何蔚．物联网工程研究丛书：面向物联网时代的车联网研究与实践．北京：科学出版社，2013

[5] 邹力，等．物联网与智能交通．北京：电子工业出版社，2015

[6] 唐伦，柴蓉，戴翠琴，等．车联网技术及应用．北京：科学出版社，2013

[7] 陈才君，柳展，钱小鸿，等．智能交通．北京：清华大学出版社，2015

[8] 张毅，姚丹亚．基于车路协同的智能交通系统体系框架．北京：电子工业出版社，2015

[9] 何承，朱扬勇．大数据技术与应用：城市交通大数据．上海：上海科学技术出版社，2015

[10] 熊光明，高利，吴绍斌，等．无人驾驶车辆智能行为及其测试与评价．北京：北京理工大学出版社，2015

[11] 段征宇．基于动态交通信息的车辆路径优化．上海：同济大学出版社，2015

[12] (德)哈尔滕施泰因，(美)拉贝尔托尼斯．VANET：车联网技术及应用．北京：清华大学出版社，2013

[13] 马化腾，等．互联网+：国家战略行动路线图．北京：中信出版社，2015

[14] 李兆荣．车联网在进化．北京：电子工业出版社，2016

[15] 刘伟荣．物联网与无线传感器网络．北京：电子工业出版社，2012